Beton-Praxis

Beton-Praxis

Ein Leitfaden für die Baustelle

Edwin Bayer
Rolf Kampen
Helmut Moritz

Herausgeber
Bundesverband der Deutschen Zementindustrie, Köln

Die Deutsche Bibliothek – CIP-Einheitsaufnahme

Bayer, Edwin: Beton-Praxis: ein Leitfaden für die Baustelle / Edwin Bayer; Rolf Kampen; Helmut Moritz. Hrsg. Bundesverband der Deutschen Zementindustrie, Köln. – 6. Aufl. – Düsseldorf: Beton-Verlag, 1995
(Schriftenreihe der Bauberatung Zement)
ISBN 3-7640-0335-9
NE: Kampen, Rolf; Moritz, Helmut

6. überarbeitete Auflage 1995

Diese Broschüre wurde auf umweltfreundlichem Papier (aus chlorfrei gebleichtem Zellstoff) gedruckt.

Satz / Druck / Verarbeitung: Boss-Druck, Kleve
Reproduktionen: Loose Durach GmbH, Remscheid

Vorwort zur 1. Auflage

Deutlich mehr als 50% aller Bauwerke bestehen heute aus Beton, da er beliebig formbar, dauerhaft und wirtschaftlich ist. Auf der anderen Seite wird in den letzten Jahren zunehmend von Schäden berichtet. Diese häufig übertriebenen Meldungen sowie mißratene Gestaltungsbeispiele haben dem Beton - völlig zu Unrecht - hier und da ein negatives Image eingebracht.

Jeder Fachmann weiß, daß für alle Baustoffe bestimmte „Regeln der Baukunst“ eingehalten werden müssen. Andernfalls können Mängel und Schäden auftreten. Über Bauschäden und damit auch über Betonschäden ist in den letzten Jahren viel gesprochen und geschrieben worden. Die Schätzungen der jährlichen Kosten für Wartungs- und Instandsetzungsarbeiten am gesamten Bauwerksbestand der Bundesrepublik Deutschland liegen heute zwischen 50 und 100 Milliarden DM. Nach zahlreichen in- und ausländischen Untersuchungen lassen sich die Ursachen für Schäden an Betonbauwerken etwa wie folgt aufgliedern: 40% der Schäden durch falsche Planung, 40% der Schäden durch falsche Ausführung, 20% der Schäden durch andere Ursachen. Hier wird deutlich, daß eine Verbesserung der Verhältnisse bei Entwurf, Ausschreibung und Ausführung ansetzen muß.

Betonbauten werden in zwei Drittel aller Fälle „nach Maß“ auf der Baustelle hergestellt. Erheblichen Vorzügen dieser Methode steht gegenüber, daß solche Bauwerke immer Einzelanfertigungen mit den Unwägbarkeiten einer erstmaligen Ausführung sind. Darüber hinaus können sie durch menschliche Unzulänglichkeiten - wie mangelhaftes Wissen und nachlässige Arbeit - beeinträchtigt werden. Diese Erkenntnis hatte bereits 1954 dazu geführt, daß die Bauberatung Zement eine Druckschrift „Guter Beton“ herausgab (bis heute 18 Auflagen), die Anleitung für die sachgemäße Zusammensetzung und Herstellung von Beton gibt.

In den letzten 25 Jahren hat sich auf der Betonbaustelle eine bedeutende Änderung vollzogen. Heute wird mehr als 90% des dort verarbeiteten Frischbetons von Transportbetonwerken geliefert. Diesen gewandelten Erfordernissen der Baustelle trägt die vorliegende Schrift Rechnung. Damit wird der Broschüre „Guter Beton“ eine Schrift an die Seite gestellt, die dem Praktiker als kurzgefaßte Arbeitshilfe für die heute auf der Baustelle am häufigsten auftretenden Fragen dienen soll. Die Broschüre richtet sich aber auch an alle Lehrenden und Lernenden in diesem Bereich. Die Verfasser haben sich bei ihrer Arbeit auf die zahlreichen Schriften der Bauberatung Zement gestützt und eine Reihe von Anregungen aus dem Kreise der Fachkollegen berücksichtigt.

Ziel war es, nur die wesentlichsten Themen der Betonbaustelle anzusprechen und damit zwangsläufig eine Auswahl zu treffen. Der Text erhebt also keinen Anspruch auf lückenlose und umfassende Darstellung.

Die Verfasser

Vorwort zur 6. Auflage

Die sechste Auflage der Broschüre „Beton-Praxis" erscheint als überarbeitete Fassung der vergriffenen fünften Auflage. Dabei fanden neue Regelwerke, Richtlinien, wissenschaftliche Erkenntnisse und praktische Erfahrungen Berücksichtigung. Als wichtigste Änderung wurde die neue Zementnorm DIN 1164 „Zement: Zusammensetzung, Anforderungen" eingearbeitet, die aufgrund europäischer Regelungen gegenüber der Ausgabe 3.90 eine neue Einteilung und neue Bezeichnungen der Zemente sowie geänderte Zementfestigkeitsklassen enthält. Zur Erleichterung der Umstellung auf die neue Zementnorm sind in Abschnitt 2.2 die neuen Zementbezeichnungen und Zementfestigkeitsklassen den bisherigen Bezeichnungen gegenübergestellt. In Kapitel 7. Qualitätssicherung wurde die Durchführung der Prüfverfahren für Eignungs- und Güteprüfungen mit der gültigen DIN 1048, Fassung Juni 1991, abgestimmt.

Diese Broschüre soll - wie auch die anderen aus der Schriftenreihe der Bauberatung Zement - einen Beitrag für dauerhafte und wirtschaftliche Betonbauwerke leisten. Verbesserungs- und Ergänzungsvorschläge sind erwünscht.

Köln, im Oktober 1994

Die Verfasser

Inhalt

1 Einführung

Auf Baustellen wird heute vorwiegend Transportbeton eingesetzt. Mit dieser Entwicklung haben sich in den letzten 25 Jahren auch Aufgabenstellung, Einrichtung und Arbeitsweise der Baustellen geändert. Die Beschaffung der Ausgangsstoffe sowie die Zusammensetzung und Herstellung des Betons sind in den Hintergrund, seine Bestellung und Abnahme an deren Stelle getreten. Das hat auch zu einer Verlagerung und Teilung von Verantwortlichkeiten geführt. Eine ähnliche Entwicklung zeigte sich auch für Schalung und Bewehrung: Schalungselemente und Bewehrungskörbe werden häufig nicht mehr vor Ort gefertigt, sondern einbaufertig zur Baustelle geliefert.

Ein zweiter Gesichtspunkt gewinnt beim Bauen zunehmend an Bedeutung: die Qualitätssicherung. Bezogen auf die Betonbaustelle bedeutet das u. a., daß nunmehr die termingerechte Anforderung der vorgefertigten Komponenten und Bauteile, die Vorbereitung der Schalung, der Einbau der Bewehrung und die Verarbeitung des Frischbetons die dominierende Rolle spielen. Diese zentralen Themen bilden denn auch die Schwerpunkte dieser Ausarbeitung. Als Kern werden Betonverarbeitung, Nachbehandlung, Baustellenprüfung, Schalung, Bewehrung, Fugenausbildung und besondere Anwendungsgebiete des Betonbaues, dazu Putz- und Mauermörtel behandelt. Kurzgefaßt sind einige zum Verständnis unerläßliche Grundlagen vorangestellt.

Leitlinie bei der Bearbeitung war die Sicherung der Dauerhaftigkeit und Wirtschaftlichkeit der Betonbauweise. Die gezielte Auswahl der Themen, die Straffung der Texte sowie die dabei als Hilfsmittel eingesetzten Zusammenstellungen, Tafeln und Skizzen sollen dazu beitragen, den Inhalt übersichtlich und vom Umfang her für den Praktiker lesbar zu machen.

2 Beton/Stahlbeton - Grundlagen

2.1 Begriffe

Beton wird aus Zement, Wasser und Zuschlägen - gegebenenfalls auch mit Betonzusätzen - hergestellt. Bestimmte Anforderungen aus Umwelt und Nutzung lassen sich durch gezielte Betonzusammensetzung erfüllen. Dabei sind die Materialeigenschaften der Ausgangsstoffe und die Verarbeitung des Frischbetons mit in die Überlegungen einzubeziehen.

Aus den zahlreichen Möglichkeiten der Zusammensetzung und Anwendung des Baustoffs Beton gibt die Zusammensetzung in Tafel 1 eine Übersicht über die geläufigsten Begriffe.

Die Definition der Begriffe Ansteifen, Erstarren, Erhärten zeigt Bild 1.

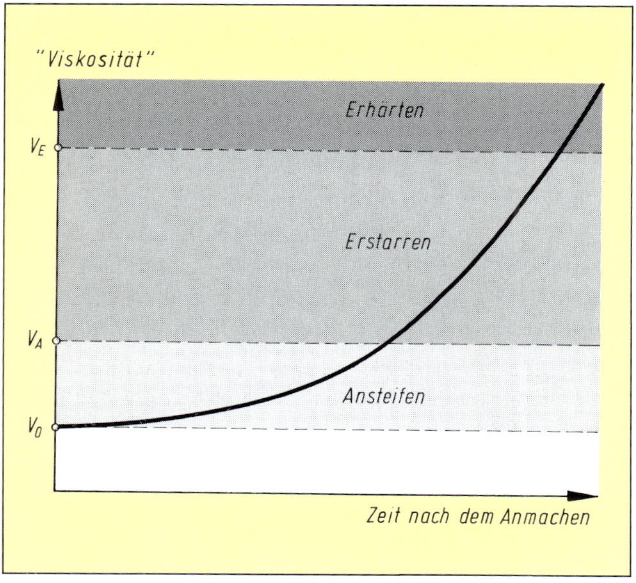

Bild 1: Ansteifen, Erstarren und Erhärten von Zement bei einer Prüfung der Erstarrungszeiten nach DIN 1164

2.2 Ausgangsstoffe

Zement

Genormt sind in der neuen DIN 1164 die nachstehend aufgeführten Zementarten. Dabei sind die neuen Bezeichnungen den bisher gültigen gegenübergestellt.

Tafel 1: Begriffe

	Begriff	Erläuterung
Rohdichte	Beton (Normalbeton)	Gemisch aus Zement, Wasser und Zuschlag (z. B. Sand, Kies, Splitt), ggf. Zusätze Trockenrohdichte $>2{,}0\ t/m^3$ und $\leq 2{,}8\ t/m^3$
	Leichtbeton	Gemisch aus Zement, Wasser und Leichtzuschlag (z. B. Naturbims, Hüttenbims, Blähton, Blähschiefer), ggf. Zusätze Trockenrohdichte $\leq 2{,}0\ t/m^3$
	Schwerbeton	Gemisch aus Zement, Wasser und Schwerzuschlag (z. B. Schwerspat, Eisenerz, Baryt, Stahlgranulat) Trockenrohdichte $>2{,}8\ t/m^3$
Herstellverfahren	Beton B I	Betongruppe mit den Festigkeitsklassen B 5, B 10, B 15, B 25 Geringe Anforderungen an Baustelle und Überwachung
	Beton B II	Betongruppe mit den Festigkeitsklassen B 35, B 45 und B 55 und i. a. Betone mit besonderen Eigenschaften Besondere Anforderungen an Baustelle und Überwachung
Erhärtungszustand	Frischbeton	Beton, solange er verarbeitbar ist
	Grüner Beton (bei Betonwaren)	Beton unmittelbar nach dem Verarbeiten, ohne daß Erhärtung eingesetzt hat (vor dem Erstarren)
	Junger Beton	Erhärtender Beton, der nicht mehr verarbeitbar ist (nach dem Erstarren)
	Festbeton	Beton, der erhärtet ist
Ort der Herstellung	Baustellenbeton	Beton, dessen Bestandteile auf der Baustelle zugegeben und gemischt werden
	Transportbeton	Beton, dessen Bestandteile außerhalb der Baustelle abgemessen werden und der auf der Baustelle einbaufertig übergeben wird
	Ortbeton	Beton, der als Frischbeton in Bauteile in ihrer endgültigen Lage eingebracht wird und dort erhärtet
	Betonfertigteil	Beton, der als erhärtetes Bauteil eingebaut wird
Bewehrung	Stahlbeton (bewehrter Beton)	Verbundbaustoff aus Beton und Stahl $w/z \leq 0{,}75$[1], $z \geq 240\ kg/m^3$ bei Zementfestigkeitsklasse $\geq 32{,}5$ und 32,5 R
	Stahlbeton für Außenbauteile	$w/z \leq 0{,}60$[2], $\geq$ B 25 $z \geq 300\ kg/m^3$ bei Zementfestigkeitsklasse 32,5 und 32,5 R $z \geq 270\ kg/m^3$ bei Zementfestigkeitsklasse $\geq 42{,}5$

[1] Zur Berücksichtigung der Streuungen während der Betonherstellung ist bei der Festlegung der Betonzusammensetzung ein um 0,05 bis 0,03 niedrigerer w/z-Wert zugrunde zu legen.

[2] Einzelwerte bei der Güteprüfung $\leq 0{,}65$

Tafel 1: Begriffe *(Fortsetzung)*

	Begriff	Erläuterung
Bewehrung	Spannbeton	Bewehrter Beton, dessen Bewehrung aus Betonstahl und Spannstahl besteht. Der vorgespannte Spannstahl sorgt dafür, daß der Beton bei Zug- und Biegekräften ohne schädliche Risse bleibt.
	Sichtbeton	Beton, dessen Ansichtsflächen gestalterische Funktionen erfüllen und ein vorbestimmtes Aussehen haben
	Zementmörtel	Gemisch aus Zement, Wasser und Zuschlägen $\leq$4 mm, ggf. Zusätze
	Zementmörtel für Fugen	Zementfestigkeitsklasse $\geq$32,5 nach DIN 1164, Teil 1, $z \geq 400$ kg/m³ Sand 0/4 mm oder $\beta_{D28} \geq 15$ N/mm² an 10-cm-Würfeln
	Mauermörtel DIN 1053	Gemisch aus einem oder mehreren Bindemitteln, Wasser und Zuschlag, ggf. Zusätzen, das mit Mauersteinen zur Herstellung von Mauerwerk verwendet wird
	Putzmörtel DIN 18 550	Gemisch aus einem oder mehreren Bindemitteln, Wasser, Zuschlag i. d. R. zwischen 0,25 und 4 mm, ggf. Zusätzen, das an Wänden und Decken ein- oder mehrlagig in bestimmter Dicke aufgetragen wird.
	Werkmörtel DIN 18 557	Im Werk zusammengesetzter und gemischter Mörtel als Werk-Trockenmörtel, Werk-Naßmörtel, Werk-Frischmörtel
Formänderungen des Festbetons	Schwinden	Verkürzung des unbelasteten Betons durch Austrocknung
	Kriechen	Zeitabhängige Verformung unter andauernder Spannung
	Relaxation	Zeitabhängiger Spannungsabbau unter einer aufgezwungenen, konstanten Verformung
	Elastizitätsmodul (E-Modul)	Verhältnis von Spannung σ zu elastischer Dehnung ε_{el} : $E = \sigma / \varepsilon_{el}$ Rechenwerte E_b (N/mm²) nach DIN 1045: B 10 / B 15 / B 25 / B 35 / B 45 / B 55 E_b: 22 000 / 26 000 / 30 000 / 34 000 / 37 000 / 39 000
	Querdehnzahl	Verhältnis von Querdehnung ε_q zu Längsdehnung ε_l : $\mu = \varepsilon_q / \varepsilon_l$ bei Normalbeton $\mu = 0{,}1 \ldots 0{,}35$ Mittelwert nach DIN 1045 $\mu = 0{,}2$
	Wärmedehnung	Verformung des Betons bei Temperatureinflüssen $\varepsilon_T = \alpha_T \cdot \Delta T$ α_T . . . Temperaturdehnzahl $5 \cdot 10^{-6} \ldots 14 \cdot 10^{-6}$/K nach DIN 1045 zulässig: $\alpha_T = 10^{-5}$/K ΔT . . . Temperaturdifferenz in K

Bezeichnung neu	*Bezeichnung alt*
Portlandzement (CEM I)	Portlandzement (PZ)
Portlandhüttenzement (CEM II/A-S, CEM II/B-S)	Eisenportlandzement (EPZ)
Portlandpuzzolanzement (CEM II/A-P, CEM II/B-P)	Traßzement (TrZ)
Portlandflugaschezement (CEM II/A-V)	Flugaschezement (FAZ)
Portlandölschieferzement (CEM II/A-T, CEM II/B-T)	Portlandölschieferzement (PÖZ)
Portlandkalksteinzement (CEM II/A-L)	Portlandkalksteinzement (PKZ)
Portlandflugaschehüttenzement (CEM II/B-SV)	Flugaschehüttenzement (FAHZ)
Hochofenzement (CEM III/A, CEM III/B)	Hochofenzement (HOZ)

Die Festigkeitsklassen und ihre farbliche Kennzeichnung (Säcke, Silo-Anheftblatt) enthält Tafel 2. Den Unterschied zwischen Zement mit üblicher Anfangsfestigkeit und Zement mit hoher Anfangsfestigkeit (gekennzeichnet mit R) zeigt Bild 2 am Beispiel der Festigkeitsklasse 42,5 und 42,5 R.

Aus den Normfestigkeiten der Zemente läßt sich der Einfluß auf die Betonfestigkeit abschätzen. Die Betonfestigkeit hängt wesentlich auch von anderen Faktoren ab, besonders vom Wasserzementwert, der Verdichtung und der Nach-

Tafel 2: Festigkeitsklassen und Kennfarben von Zement nach DIN 1164

Festigkeitsklasse	Druckfestigkeit in N/mm² nach 2 Tagen [min.]	7 Tagen [min.]	28 Tagen [min.]	28 Tagen [max.]	Kennfarbe	Farbe des Aufdrucks	Festigkeitsklasse alt
32,5	–	≥16	≥32,5	≤52,5	hellbraun	schwarz	Z 35 L
32,5 R	≥10	–				rot	Z 35 F
42,5	≥10	–	≥42,5	≤62,5	grün	schwarz	Z 45 L
42,5 R	≥20	–				rot	Z 45 F
52,5	≥20	–	≥52,5	–	rot	schwarz	Z 55 L*)
52,5 R	≥30	–				weiß	Z 55

*) Zement mit bauaufsichtlicher Zulassung

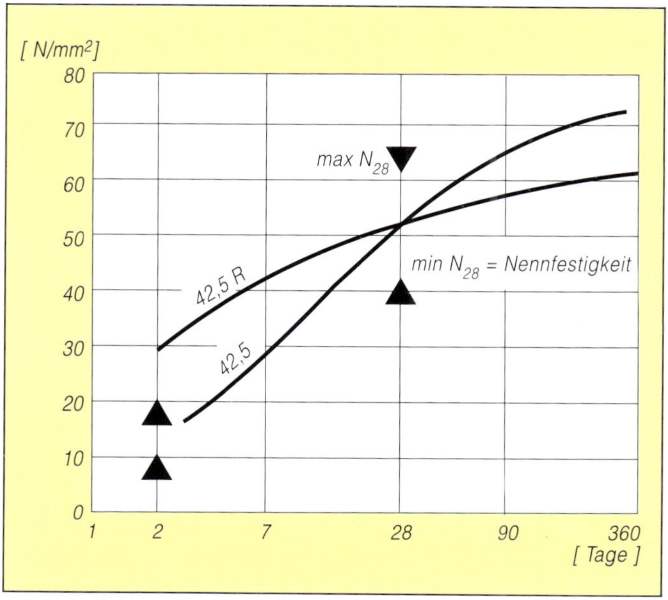

Bild 2: Festigkeitsentwicklung der Zemente 42,5 und 42,5 R

Tafel 3: Hinweise für die Verwendung der Zemente

Festigkeitsklasse	Zementart	Eigenschaften		
		Frühfestigkeit	Wärmeentwicklung	Nacherhärtung*)
32,5	überwiegend Hochofenzement	niedrig	langsam	gut
32,5 R	überwiegend Portland-, Portlandkalkstein- und Portlandhüttenzement	normal	normal	normal
42,5	überwiegend Hochofenzement	normal	normal	gut
42,5 R	überwiegend Portland- und Portlandhüttenzement	hoch	schnell	normal
52,5	Portlandzement	hoch	schnell	gering
52,5 R	Portlandzement	sehr hoch	sehr schnell	gering

*) über 28 Tage hinaus

behandlung des Betons. Den Zusammenhang zwischen Festigkeitsklasse und Zementart sowie die Eigenschaften der Zemente zeigt Tafel 3.

Zemente mit besonderen Eigenschaften:

- NW-Zemente mit niedriger Wärmeentwicklung sind besonders geeignet für Massenbeton.
- HS-Zemente mit hohem Sulfatwiderstand müssen nach DIN 1045 bei Sulfatgehalten des auf ein Bauwerk einwirkenden Wassers von über 600 mg/l verwendet werden.
- NA-Zemente mit niedrigem wirksamen Alkaligehalt stellen eine wirkungsvolle vorbeugende Maßnahme bei alkaliempfindlichem Zuschlag dar, der in einigen Bereichen Nord- und Mitteldeutschlands vorkommen kann.
- Weißzement ist ein eisenoxydarmer Portlandzement 42,5 R (kein Sonderzement).

Beispiel für die Bezeichnung der Zemente:

Portlandzement DIN 1164 - CEM I 42,5 R
Portlandzement mit einer 28-Tage-Druckfestigkeit von mindestens 42,5 N/mm² und höchstens 62,5 N/mm² sowie mit einer Druckfestigkeit von mindestens 20 N/mm² nach zwei Tagen (R).

Hochofenzement DIN 1164 - CEM III 32,5 - NW/HS
Hochofenzement mit einer 28-Tage-Druckfestigkeit von mindestens 32,5 N/mm² und höchstens 52,5 N/mm² sowie mit einer Druckfestigkeit von mindestens 16 N/mm² nach 7 Tagen mit niedriger Wärmeentwicklung (NW) und einem hohen Sulfatwiderstand (HS).

Lieferscheine für losen Zement müssen Eintragungen über Tag und Stunde der Lieferung, polizeiliches Kennzeichen des Fahrzeugs, Auftraggeber, Auftragsnummer und Empfänger enthalten.

Zuschlag

Betonzuschläge müssen den Anforderungen der DIN 4226 genügen. Entsprechend der Korngröße werden Zuschläge in Korngruppen unterteilt, z. B. Korngruppe 0/4, 4/8, 8/16, 16/32. Die sachgemäße Verarbeitung des Betons bestimmt häufig die Wahl des Größtkorns. Seine Nenngröße darf ein Drittel, besser ein Fünftel, der kleinsten Bauteilabmessungen nicht überschreiten. Bei engliegender Bewehrung oder kleiner Betondeckung soll der überwiegende Teil des Zuschlags kleiner als der lichte Abstand der Bewehrungsstäbe untereinander und von der Schalung sein. Die Anforderungen an Zuschlag mit dichtem Gefüge sind in Tafel 4, ergänzende Bezeichnungen nach Art des Zuschlags in Tafel 5 angegeben.

Zuschlag muß die Regelanforderungen erfüllen. Werden erhöhte Anforderungen (e) gestellt, z. B. für Betonfahrbahndecken oder Bauteile des Wasserbaus,

Tafel 4: Anforderungen an Zuschlag mit dichtem Gefüge

Verminderte (v) Anforderungen	Regelanforderungen	Erhöhte (e) Anforderungen
	Kornzusammensetzung	
-	nach Tabelle 1, DIN 4226 Teil 1	
	Kornform (K)	
vK flache oder längliche Körner >50 M.-%	flache oder längliche Körner ≤ 50 M.-%	eK (gebrochenes Korn) flache oder längliche Körner <20 M.-%
	Druckfestigkeit (D)	
vD Naturstein $\beta_D < 100$ N/mm²	Naturstein $\beta_D \geq 100$ N/mm²	-
	Widerstand gegen Frost (F)	
vF kein Frostwiderstand, kein Nachweis	bei mäßiger Durchfeuchtung des Betons Einfrieren an der Luft; Absplitterungen $\leq 4{,}0$ M.-%	eF bei starker Durchfeuchtung des Betons Einfrieren unter Wasser; Absplitterungen $\leq 4{,}0$ M.-% eFT starke Durchfeuchtung und besondere Anwendungsgebiete (z. B. Widerstand gegen Frost- und Taumittel) Einfrieren unter Wasser; Absplitterungen $\leq 2{,}0$ M.-%
	Abschlämmbare Bestandteile (A)	
vA Werte > als Tabelle 2, DIN 4226 Teil 1	nach Tabelle 2, DIN 4226 Teil 1	-
	Fein verteilte Stoffe org. Ursprungs (O)	
vO Natronlauge rötlich bis schwarz	Natronlauge farblos bis gelb	-
	Quellfähige Bestandteile (Q)	
-	0,5 M.-% bis 4 mm Größtkorn 0,1 M.-% über 4 mm Größtkorn	eQ Grenzwert vereinbaren
	Erhärtungsstörende Stoffe	
-	Betontechnologische Vergleichsprüfung Festigkeitsverluste $\leq 15\%$	-
	Schwefelverbindungen (S)	
vS Beurteilung durch ein fachkundiges Institut	Sulfatgehalt $(SO_3) < 1$ M.-%	-
	Stahlangreifende Stoffe (Cl = Chloride)	
vCl Beton, Stahlbeton und Spannbeton mit nachträglichem Verbund Korngemisch $Cl \leq 0{,}04$ M.-%	Beton, Stahlbeton und Spannbeton mit nachträglichem Verbund jede Korngruppe $Cl \leq 0{,}04$ M.-%	eCl Spannbeton mit sofortigem Verbund und Einpreßmörtel jede Korngruppe $Cl \leq 0{,}02$ M.-%

Tafel 5: Zusätzliche Benennung des Zuschlags

Zuschlag mit		Zusätzliche Benennung für	
Kleinstkorn [mm]	Größtkorn [mm]	ungebrochenen Zuschlag	gebrochenen Zuschlag
-	4	Sand	Brechsand
4	32	Kies	Splitt
32	-	Grobkies	Schotter

müssen diese besonders vereinbart werden. Bei alkaliempfindlichem Zuschlag ist die „Richtlinie Alkalireaktionen im Beton“ zu beachten.

Zuschlag, der hinsichtlich bestimmter Eigenschaften die Regelanforderungen nicht erfüllt, darf nur verwendet werden, wenn durch Eignungsprüfung nachgewiesen wird, daß der Zuschlag auch bei verminderten Anforderungen (v) dem Verwendungszweck genügt.

Die Bezeichnung des Zuschlags wird in folgender Reihenfolge vorgenommen:

Benennung, DIN 4226, Korngruppe/Lieferkörnung, erhöhte bzw. verminderte Anforderungen.

Beispiel: Zuschlag DIN 4226 - 8/16 - eF

Zuschlag nach DIN 4226 mit dichtem Gefüge der Korngruppe/Lieferkörnung 8/16, der über die Regelanforderungen hinaus erhöhte Anforderungen an den Widerstand gegen Frost erfüllt.

Beispiel: Zuschlag DIN 4226 - 0/2b - vA

Zuschlag mit dichtem Gefüge der Korngruppe/Lieferkörnung 0/2b, der die Regelanforderungen hinsichtlich der abschlämmbaren Bestandteile nicht erfüllt.

Zusätze

Zu den Betonzusätzen zählen Zusatzstoffe und Zusatzmittel. Zusatzstoffe sind fein aufgeteilte Zusätze, wie Traß, Gesteinsmehl und Flugasche, die bestimmte Eigenschaften des Betons beeinflussen. Sie müssen genormt oder bauaufsichtlich zugelassen sein oder ein Prüfzeichen besitzen.

Betonzusatzmittel (Tafel 6) sind Zusätze, die durch chemische oder physikalische Wirkung oder durch beide die Betoneigenschaften, wie z. B. die Verarbeitbarkeit, das Erstarren oder das Erhärten, ändern. Es dürfen nur Zusatzmittel mit gültigem Prüfzeichen unter den im Prüfbescheid angegebenen Bedingungen verwendet werden. Bei Transportbeton (siehe Kap. 4) müssen - mit Ausnahme der Fließmittel - alle Zusatzmittel im Werk zugegeben werden. Bei Erstarrungsver-

Tafel 6: Wirkungsgruppen und Kennzeichnung der Betonzusatzmittel

Wirkungsgruppe	Kurzzeichen	Farbkennzeichen
Betonverflüssiger	BV	gelb
Fließmittel	FM	grau
Luftporenbildner	LP	blau
Dichtungsmittel	DM	braun
Verzögerer	VZ	rot
Beschleuniger	BE	grün
Einpreßhilfen	EH	weiß
Stabilisierer	ST	violett

zögerern ist die „Vorläufige Richtlinie für Beton mit verlängerter Verarbeitbarkeit (Verzögerter Beton)", März 1983, zu beachten, wenn die Verarbeitbarkeitszeit um mehr als 3 Stunden verlängert wird. Ein solcher Beton darf nur unter B II-Bedingungen verarbeitet werden. Bei Fließmittel ist die „Richtlinie für Beton mit Fließmittel und für Fließbeton - Herstellung, Verarbeitung und Prüfung" zu beachten. Werden mehrere Zusatzmittel verwendet (LP + FM), muß deren Verträglichkeit und Wirksamkeit vom Lieferanten nachgewiesen werden.

Tafel 7: Konsistenzbereiche und Verdichtungsart des Frischbetons

Konsistenzbereich	Eigenschaften des Frischbetons beim Schütten	Verdichtungsmaß mittleres Abstichmaß [cm]	Verdichtungsmaß V [-]	Ausbreitmaß [cm]	Verdichtungsart des Frischbetons
KS (steif)	noch lose	≥6,6	≥1,20	-	kräftig wirkende Rüttler und/oder kräftiges Stampfen in dünner Schüttlage
KP (plastisch)	schollig bis knapp zusammenhängend	6,5–2,8[1]	1,19–1,08[1]	35–41	Rütteln
KR (weich)	schwach fließend	2,7–0,8[1]	1,07–1,02[1]	42–48	leichtes Rütteln oder Stochern
KF[2] (fließfähig)	gut fließend			49–60	„Entlüften" durch Stochern, leichtes Rütteln

[1] vorzugsweise für Beton mit gebrochenem Zuschlag

[2] darf nur durch Fließmittelzugabe hergestellt werden (siehe Kap. 2.3)

2.3 Betoneigenschaften

Frischbeton

Ein Maß für die Verarbeitbarkeit von Frischbeton ist die Konsistenz (Tafel 7). Die Konsistenz muß den baupraktischen Gegebenheiten angepaßt werden. Feingliedrige Querschnitte oder dicht bewehrte Bauteile erfordern im allgemeinen einen Beton der Konsistenz KR. Auch für andere Bauteile ist, z. B. aus Gründen der Dauerhaftigkeit, Verarbeitbarkeit und Dichtigkeit, die Regelkonsistenz von Vorteil (siehe auch Kap. 4 und 5).

Die Festbeton-Eigenschaften hängen wesentlich von der Dichtigkeit des Zementsteins ab. Deshalb sind in DIN 1045 obere Grenzwerte für den Wasserzementwert festgelegt. Darüber hinaus dürfen aus Gründen des Korrosionsschutzes bestimmte Mindestzementgehalte nicht unterschritten werden (Tafel 8).

Festbeton

Eine der wichtigsten Betoneigenschaften ist die Druckfestigkeit. Die Beurteilung gemäß DIN 1045 erfolgt durch Prüfung nach 28 Tagen an 20-cm-Würfeln. Nach

Tafel 8: Zementgehalt und w/z-Wert

	Festigkeitsklasse des Zements	Festigkeitsklasse des Betons	Zementgehalt [kg/m³]	w/z-Wert[3] Grenzwert	w/z-Wert[3] Zielwert
Unbewehrter Beton	–	–	≥100	–	–
Stahlbeton allgemein	≥32,5	≥B 15	≥240	≤0,75	≤0,70
Stahlbeton für Außenbauteile	32,5 32,5 R	≥B 25	≥300[1)2)]	≤0,65	≤0,60[4]
	≥42,5		≥270		

[1] ≥270 kg/m³ bei Zementfestigkeitsklasse 32,5 und 32,5 R und laufender Überwachung nach DIN 1084

[2] 270 kg/m³, wenn:
- Flugaschenmenge f ≥ 2 mal Zementverringerungsmenge
- Betonherstellung mit laufender Überwachung nach DIN 1084
- Flugasche mit Prüfzeichen
- min. Zementfestigkeitsklasse 32,5 und 32,5 R
- Hochofenzement mit Hüttensandgehalt <70%, Portland-, Portlandkalkstein-, Portlandölschiefer- oder Portlandhüttenzement
- um 2 Tage verlängerte Nachbehandlungszeit

[3] bei Verwendung einer Flugasche mit Prüfzeichen $\frac{w}{z+0{,}4\,f} \leq 0{,}60$ wobei $f \leq 0{,}25\,z$

gilt sinngemäß auch für Beton mit besonderen Eigenschaften, jedoch nicht für Beton mit hohem Frost- und Tausalzwiderstand.

[4] Diese Anforderung ist i. d. R. erfüllt, wenn der Beton eine Nennfestigkeit $\beta_{WN} \geq 32$ N/mm² aufweist.

Tafel 9: Betonfestigkeitsklassen – Anwendung, Anforderungen bei der Eignungsprüfung und Güteprüfung

Betongruppe	Betonfestigkeitsklasse	Nennfestigkeit β_{WN} [N/mm²]	Serienfestigkeit β_{WS} [N/mm²]	Anwendung	Erforderliche Druckfestigkeit bei der Eignungsprüfung [N/mm²]	Erforderliche Konsistenzmaße a oder v bei der Eignungsprüfung
Beton B I	B 5	5,0	8,0	Nur für unbewehrten Beton	≥11	KS: v = 1,24...1,20 KP: a = 40...41 cm (v = 1,11...1,08)[2] KR: a = 46...48 cm (v = 1,04...1,02)[2] KF: a = 56...60 cm
	B 10	10	15		≥20	
	B 15[4]	15	20	Für unbewehrten und bewehrten Beton	≥25	
	B 25[3]	25	30		≥35	
Beton B II	B 35	35	40		35 + Vorhaltemaß[1]	Von der Baustelle verlangte Konsistenz + Vorhaltemaß
	B 45	45	50		45 + Vorhaltemaß[1]	
	B 55	55	60		55 + Vorhaltemaß[1]	

[1] Vorhaltemaß nach Erfahrung, andernfalls mindestens 10 N/mm² zweckmäßig

[2] für Beton mit gebrochenem Zuschlag

[3] bei Beton für Außenbauteile gilt i. d. R. $\beta_{WN} \geq 32$ N/mm²

[4] als Stahlbeton nur für Innenbauteile zulässig

der ermittelten Druckfestigkeit wird der Beton bestimmten Festigkeitsklassen zugeordnet (Tafel 9).

Die Betonfestigkeitsklasse bezeichnet die Festigkeit, die bei der Güteprüfung von jedem Würfel mindestens erreicht werden muß (Nennfestigkeit β_{WN}). Außerdem darf die mittlere Druckfestigkeit von drei Würfeln (Würfelserie) die Serienfestigkeit β_{WS} nicht unterschreiten. Der Nachweis der Druckfestigkeit kann auch zu einem früheren Zeitpunkt als nach 28 Tagen erforderlich sein. Er darf auch für einen späteren Prüftermin vereinbart werden.

2.4 Dichtigkeit und Porosität

Das frische Gemisch aus Zement und Wasser bezeichnet man als Zementleim. Hieraus entsteht durch eine chemisch-mineralogische Reaktion (Hydratation) der feste Zementstein.

Der Zement kann chemisch und physikalisch eine Wassermenge von rund 40% seiner Masse binden. Das entspricht einem Wasserzementwert von 0,40 (Bild 3). Weist der Zementleim einen höheren Wasserzementwert auf, so ist der Rest

Überschußwasser. Verdunstet dieses Wasser, hinterläßt es im Zementstein verästelte, sehr saugfähige Kapillarporen. Durch diesen Porenraum wird die Dichtigkeit des Zementsteins und damit die Qualität des Festbetons herabgesetzt.

Ab einem Anteil der Kapillarporen von etwa 25 Vol.-% wächst die Durchlässigkeit rasch an, weil ein zusammenhängendes Kapillarsystem entsteht, das durchströmt werden kann. Diese Porosität wird etwa bei einem Wasserzementwert von 0,60 und vollständiger Hydratation oder bei einem Wasserzementwert von 0,50 und einem Hydratationsgrad von 80% erreicht (Bild 4).

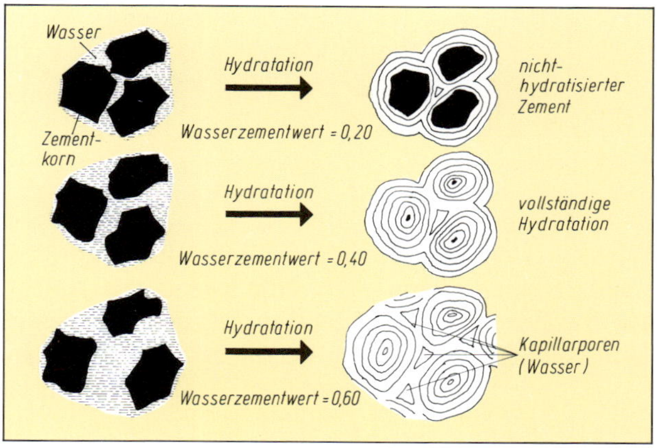

Bild 3: Erhärtung von Zement mit verschiedenen Wasserzementwerten

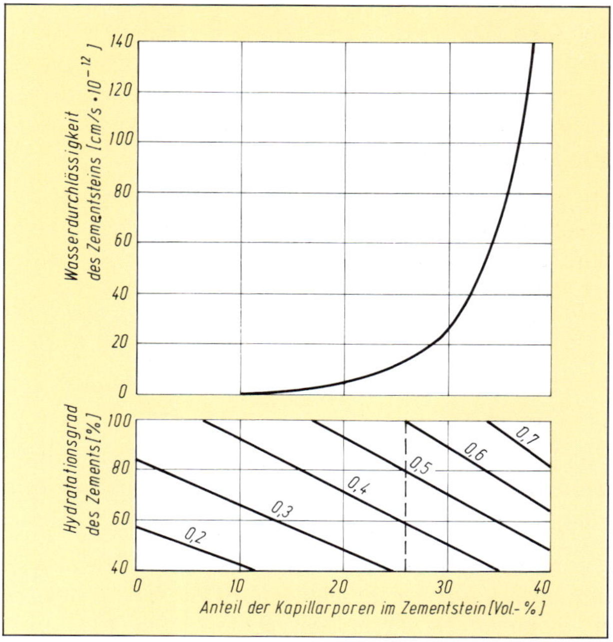

Bild 4: Wasserdurchlässigkeit von Zementstein (nach Powers)

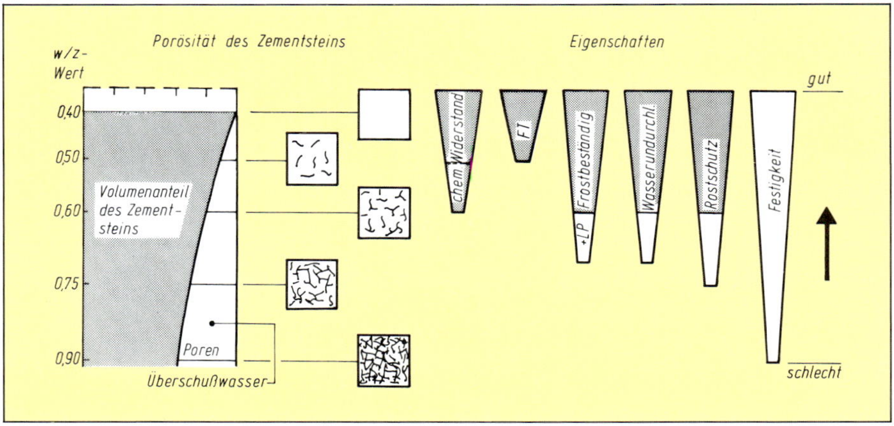

Bild 5: Betoneigenschaften und Zementstein

Wird durch eine gute Nachbehandlung nicht dafür gesorgt, daß der Zement vollständig reagieren kann (Hydratationsgrad nahe 100%), bedeutet auch ein niedriger Wasserzementwert nicht automatisch hohe Qualität (siehe Kap. 6). Weitere Einflüsse des Wasserzementwertes auf die Betoneigenschaften zeigt Bild 5.

2.5 Korrosionsschutz des Stahls im Beton

Grundvoraussetzung für den Rostschutz des Bewehrungsstahls im Bauteil ist die hohe Alkalität des ihn umgebenden Betons (pH-Wert 12 bis 13). Lagert Beton an der Luft, kann die Alkalität im oberflächennahen Bereich langsam abgebaut werden. Diesen durch das Kohlendioxyd der Luft verursachten Prozeß nennt man Karbonatisierung (Umwandlung von Kalciumhydroxyd $Ca(OH)_2$ zu Kalciumkarbonat $CaCO_3$).

Dringt die Karbonatisierungsfront bis zur Bewehrung vor, kann es zu Korrosionsschäden kommen. Deshalb muß die Bewehrung durch eine ausreichende Betondeckung geschützt werden, welche:

- dicht genug ist, um die Karbonatisierungsgeschwindigkeit im Rahmen aller Einflußgrößen so klein wie möglich zu halten und
- dicker ist als die während der Nutzungsdauer eines Bauteils zu erwartende Karbonatisierungstiefe.

Für das Auftreten von Korrosion sind drei Bedingungen erforderlich: Aufhebung der Passivierung durch Karbonatisierung (pH-Wert <9) oder Chlorideinwirkung, Sauerstoffzutritt und Feuchtigkeit (Bild 6).

Die Bildung von Rost ist mit einer etwa 2,5fachen Volumenvergrößerung verbunden. Dies führt im allgemeinen zu Rissen, örtlichen Lockerungen und Absprengungen der Betondeckung.

Bild 6: Voraussetzungen für Stahlkorrosion im Beton

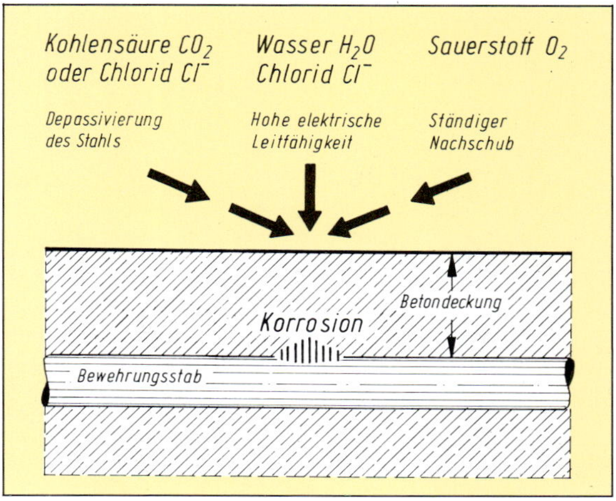

Als Haupteinflüsse auf die Karbonatisierungsgeschwindigkeit sind die vier folgenden Faktoren anzusehen:

- Betonzusammensetzung (Wasserzementwert, Zementgehalt)
- Hydratationsgrad (Nachbehandlung)
- Umweltbedingungen (relative Luftfeuchte)
- Zeit (Abnahme der Karbonatisierungsgeschwindigkeit mit zunehmendem Betonalter).

Das Verhältnis der Karbonatisierungstiefen bei Wasserzementwerten 0,45, 0,60 und 0,80 und sonst gleichen Bedingungen beträgt in etwa:

$$X_{0,45} : X_{0,60} : X_{0,80} = 0{,}4 : 1 : 2$$

Vereinfacht dargestellt, bestimmt die Dichtigkeit, bis zu welcher Tiefe CO_2 in einer bestimmten Zeit eindringen kann, während das Angebot an $Ca(OH)_2$, d. h. der Zementgehalt, darüber entscheidet, wieviel CO_2 gebunden und so am weiteren Vordringen gehindert wird (siehe Tafel 8). Der Einfluß des Hydratationsgrades auf die Dichtigkeit des Betons ist in Kap. 2.4 beschrieben.

Die Umweltbedingungen beeinflussen den Feuchtigkeitsgehalt des Betons. Vollständig trockener Beton und wassergesättigter Beton karbonatisieren praktisch nicht.

Der für den Rostschutz der Bewehrung ungünstigste Bereich liegt zwischen den beiden Extremen, bei relativen Luftfeuchten zwischen 50 und 70%. Dies erklärt auch, warum Beton im Freien, der den Niederschlägen ausgesetzt ist, wesentlich langsamer karbonatisiert als Beton im Freien, der vor Niederschlägen geschützt ist.

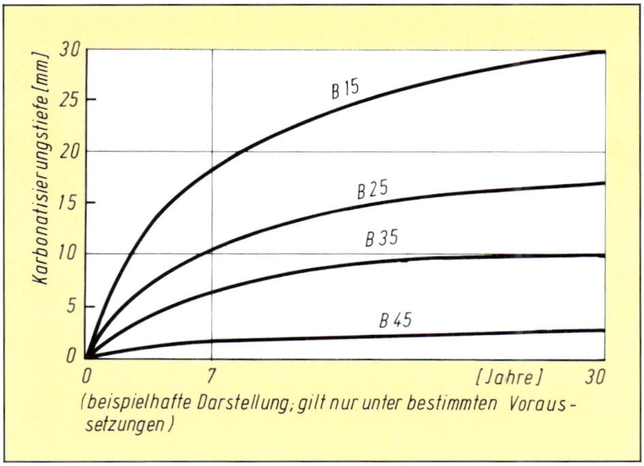

Bild 7: Einfluß der Zeit und der Betonfestigkeitsklasse auf die Karbonatisierungsgeschwindigkeit [17]

Der Karbonatisierungsfortschritt klingt mit der Zeit ab. Er verläuft pauschal betrachtet mit der Wurzel aus der Zeit. Bei ausreichend dichtem Zementstein - niedriger Wasserzementwert, gute Erhärtungsbedingungen und Nachbehandlung usw. - kommt die Karbonatisierung nach einiger Zeit praktisch zum Stillstand (Bild 7). Der Einfluß von SO_2 in der Luft (saurer Regen) ist im Vergleich zur Karbonatisierung von untergeordneter Bedeutung.

Risse und Fehlstellen (z. B. Kiesnester) können die Karbonatisierung beschleunigen und ggf. den Rostschutz örtlich aufheben. Risse müssen nicht in jedem Fall negative Auswirkungen haben. Folgende Rißbreiten werden als unbedenklich angesehen:

- 0,3 mm in trockenen Räumen,
- 0,2 mm bei Bauwerken, die im Freien stehen,
- 0,1 mm bei Bauwerken in stark korrosionsfördernder Umwelt.

Sofern Dicke und Dichte der Betondeckung in der Umgebung der Risse den in DIN 1045 gestellten Anforderungen entsprechen, führen Risse quer zur Bewehrung bis etwa 0,4 mm und längs zur Bewehrung bis etwa 0,3 mm im Normalfall zu keiner wesentlichen Beeinträchtigung der Dauerhaftigkeit [18].

Sofern Bauteile besonderen Nutzungsbedingungen (z. B. Streuung von Tausalzen) oder Schadstoffeinflüssen (z. B. bei Meerwasser) ausgesetzt sind, gelten kleinere Rißbreiten [40].

3 Anforderungen an den Festbeton

3.1 Beton für Außenbauteile in üblicher Umwelt

Bauteile aus Stahlbeton, die ständig der Witterung ausgesetzt sind, werden stärker beansprucht als Bauteile in trockenen Innenräumen. Werden Außenbauteile aus Stahlbeton sachgerecht geplant und hergestellt, widerstehen sie jahrzehntelang der Witterung ohne konservierende Maßnahmen. Die Anforderungen an Beton für Außenbauteile enthält Tafel 8.

3.2 Beton mit besonderen Eigenschaften

Für die Herstellung von Beton mit besonderen Eigenschaften gelten im allgemeinen die Bedingungen für Beton B II; die Anforderungen enthält Tafel 10.

Beton mit hohem Widerstand gegen chemische Angriffe

Bestimmte Wässer und Böden können Beton chemisch angreifen (Moorwasser, Bodenwasser u. ä.). Sie sind oft an Spuren von ausgeschiedenen Salzen, an dunkler Färbung, fauligem Geruch oder aufsteigenden Gasblasen zu erkennen. Feste trockene Stoffe und Gase greifen trockenen Beton im allgemeinen nicht an. Bei Zutritt von Feuchtigkeit können diese Stoffe jedoch gelöst werden und angreifende Flüssigkeiten bilden.

Chloride greifen Beton nicht an, sie können aber ein Rosten des Betonstahls bewirken. Aus diesem Grunde dürfen bei Stahl- und Spannbeton keine chloridhaltigen Betonzusatzmittel verwendet werden.

Die Beurteilung betonangreifender Wässer, Böden und Gase erfolgt nach DIN 4030. Bei Wässern mit vorwiegend natürlicher Zusammensetzung, denen der Beton ständig ausgesetzt ist, gelten die in Tafel 11 angegebenen Grenzwerte. Angaben über Meerwasser, Brackwasser, Abwasser u. a. sind ebenfalls in der Norm zu finden.

Durch starkes Fließen, höhere Temperatur und höheren Druck vergrößert sich das Angriffsvermögen des Wassers. Sind Schutzschichten erforderlich, kommen Anstriche und Beschichtungen, Dichtungsbahnen aus Kunststoff und aus getränkten oder beschichteten Pappen in Frage (Merkblatt „Schutzüberzüge auf Beton bei sehr starken Angriffen nach DIN 4030"; Richtlinie „Schutz und Instandsetzung von Betonbauteilen").

Beton für hohe Gebrauchstemperaturen bis 250 °C

Dieser Beton findet fast ausschließlich Verwendung im Industriebau. Er ist mit Zuschlägen herzustellen, die sich für solche Beanspruchungen als geeignet erwiesen haben. Der Zuschlag sollte eine Wärmedehnung möglichst nahe der

Tafel 10: Anforderungen an Beton mit besonderen Eigenschaften

Betoneigenschaft Angriffsgrad	Herstellung als	Sieblinienbereich	Zementgehalt [kg/m³]	Wasser-Zement-Wert[1]	Zusätzliche Anforderungen
Wasserundurchlässigkeit	B I	A 16/B 16 A 32/B 32	≥370 ≥350	– –	Wassereindringtiefe $e_w \leq 50$ mm
	B II[2]	–	–	d ≤ 40 cm; w/z ≤ 0,60[6]	
		–	–	d > 40 cm; w/z ≤ 0,70[6]	
Hoher Frostwiderstand	B I	A 16/B 16 A 32/B 32	≥370 ≥350	– –	Zuschläge eF $e_w \leq 50$ mm
	B II	–	–	w/z ≤ 0,60[6]	
		–	–	massige Bauteile w/z ≤ 0,70[6]	Zuschläge eF bzw. eFT $e_w \leq 50$ mm mittlerer LP-Gehalt[3] bei Größtkorn[4] 8 mm ≥ 5,5 Vol.-% 16 mm ≥ 4,5 Vol.-% 32 mm ≥ 4,0 Vol.-% 63 mm ≥ 3,5 Vol.-%
Hoher Frost- und Tausalzwiderstand[7]	B II	–	–	w/z ≤ 0,50	
Hoher Verschleißwiderstand	B II	nahe A oder B/U	(≤350 bei Zuschlag 0/32)	–	Beton ≥ B 35; Zuschlag bis 4 mm Quarz o. ä., >4 mm mit hohem Verschleißwiderstand
Hoher Widerstand gegen chemischen Angriff – schwach	B I	A 16/B 16 A 32/B 32	≥370 ≥350	– –	Wassereindringtiefe $e_w \leq 50$ mm
	B II	–	–	w/z ≤ 0,60[6]	
Hoher Widerstand gegen chemischen Angriff – stark	B II	–	–	w/z ≤ 0,50[6]	Wassereindringtiefe $e_w \leq 30$ mm
Hoher Widerstand gegen chemischen Angriff – sehr stark	B II	–	–	w/z ≤ 0,50[6]	Wassereindringtiefe $e_w \leq 30$ mm und Schutz des Betons[5]

Fußnoten siehe Seite 27 ▷

Tafel 11: Grenzwerte zur Beurteilung des Angriffsgrades von Wässern vorwiegend natürlicher Zusammensetzung nach DIN 4030

Untersuchung		Angriffsgrade[1]		
		schwach angreifend	stark angreifend	sehr stark angreifend
pH-Wert		6,5...5,5	5,5...4,5	unter 4,5
kalklösende Kohlensäure (CO_2)	mg/l	15...40	40...100	über 100
Ammonium (NH_4^+)	mg/l	15...30[2]	30[2]...60[3]	über 60[3]
Magnesium (Mg^{2+})	mg/l	300...1000	1000...3000	über 3000
Sulfat[4] (SO_4^{2-})	mg/l	200...600	600...3000	über 3000

[1] Für die Beurteilung des Wassers ist der aus der Tafel entnommene höchste Angriffsgrad maßgebend, auch wenn er nur von einem der Werte der Tafel erreicht wird. Liegen zwei oder mehr Werte im oberen Viertel eines Bereiches (bei pH-Wert im unteren Viertel), so erhöht sich der Angriffsgrad um eine Stufe. Diese Erhöhung gilt nicht für Meerwasser.

[2] Nach neueren Untersuchungen 100 [16]

[3] Nach neueren Untersuchungen 300 [16]

[4] Bei Sulfatgehalten über 600 mg SO_4^{2-} je Liter Wasser, ausgenommen Meerwasser, ist ein Zement mit hohem Sulfatwiderstand (HS) zu verwenden.

des Zementsteins haben, wie beispielsweise Hochofenschlacke, bestimmte dichte Kalksteine und Basalt. Der Beton muß mindestens doppelt so lange nachbehandelt werden, wie dies in Tafel 24 unter ungünstigen Umweltbedingungen gefordert wird. Erst nach dem Austrocknen des Betons sollte die erste Erhitzung möglichst langsam erfolgen. Bei kurzfristigen oder ständig einwirkenden Temperaturen über 80 °C sind die Hinweise in DIN 1045, Abschnitt 6.5.7.8, in bezug auf die Rechenwerte für die Druckfestigkeit und den E-Modul zu beachten.

---

[1] Zur Berücksichtigung der Streuungen während der Betonherstellung ist bei der Festlegung der Betonzusammensetzung ein um 0,05 bis 0,03 niedrigerer w/z-Wert zugrunde zu legen.

[2] Bei Transportbeton und mit Zustimmung der Bauaufsichtsbehörde und des Auftraggebers auch auf B I-Baustellen zulässig.

[3] Bei Betonwaren aus sehr steifem Beton, w/z < 0,40, nicht erforderlich.

[4] Zur Berücksichtigung der Streuungen während der Bauausführung ist bei der Eignungsprüfung der LP-Gehalt um etwa 0,5 Vol.-% höher einzustellen. Einzelwerte dürfen den mittleren LP-Gehalt um höchstens 0,5 Vol.-% unterschreiten.

[5] Merkblatt „Schutzüberzüge auf Beton bei sehr starken Angriffen" nach DIN 4030.

[6] Bei Anrechnung von Steinkohlenflugasche gilt sinngemäß Fußnote [3] der Tafel 8.

[7] Zementart: Zemente nach DIN 1164 außer Portlandpuzzolanzement; bei sehr starkem Frost- und Tausalzangriff Portlandzement, Portlandhüttenzement, Portlandölschieferzement, Portlandkalksteinzement ≥ 32,5 und Hochofenzement 42,5.

4 Betonherstellung

Nach dem Ort der Herstellung wird in Transportbeton und Baustellenbeton unterschieden. Nachfolgend wird nur auf wichtige baupraktische Hinweise eingegangen. Fragen der Betonzusammensetzung sind in [26] behandelt.

4.1 Transportbeton

Die Bestandteile des Transportbetons werden außerhalb der Baustelle zugemessen, in geeigneten Fahrzeugen zur Baustelle befördert und einbaufertig übergeben. Es wird unterschieden in werkgemischten Transportbeton, der bereits im Werk fertig gemischt wird, und fahrzeuggemischten Transportbeton, der – i. d. R. nach Eintreffen auf der Baustelle – im Mischfahrzeug gemischt wird.

Werkgemischter Beton der Konsistenz KP, KR und KF muß entweder während der Fahrt ständig bewegt oder auf der Baustelle nochmals durchgemischt werden. Geeignet hierfür sind Mischfahrzeuge oder Muldenfahrzeuge mit Rührwerk. Beton der Konsistenz KS darf auch in Fahrzeugen ohne Rührwerk angeliefert werden.

In Transportbetonwerken dürfen Betone aller Festigkeitsklassen sowie alle Betone mit besonderen Eigenschaften (z. B. wasserundurchlässiger Beton, Beton mit hohem Frostwiderstand) hergestellt werden. Es ist immer eine Eigen- und eine Fremdüberwachung durchzuführen.

Betonsortenverzeichnis

Jede Betonsorte eines Transportbetonwerks muß, unterschieden nach Festigkeitsklasse, Konsistenzbereich und Zusammensetzung, in einem Sortenverzeichnis mit folgenden Angaben geführt werden:

- Eignung für unbewehrten Beton oder Stahlbeton
- Eignung für Außenbauteile
- Festigkeitsklasse des Betons
- Konsistenzbereich des Frischbetons
- Art, Festigkeitsklasse und Menge des Bindemittels
- Wassergehalt, Wasserzementwert
- Art, Menge, Sieblinienbereich und Größtkorn des Zuschlags sowie ggf. Abweichungen von den Regelanforderungen
- Art und Menge des ggf. zugesetzten Mehlkorns
- Art und Menge der ggf. zugesetzten Betonzusätze
- Festigkeitsentwicklung bei Beton für Außenbauteile (s. Kap. 6, Tafel 24)

Alle Mengenangaben sind auf 1 m^3 verdichteten Frischbeton, bei Betonzusatzmitteln auf den Zementgehalt, bezogen. Dieses Betonsortenverzeichnis oder ein Auszug davon muß dem Abnehmer auf der Baustelle mindestens bei der ersten Lieferung, bei Beton B II bei jeder Lieferung übergeben werden.

Die Verarbeitbarkeit des Frischbetons muß den baupraktischen Gegebenheiten angepaßt werden. Wird bei Bezug von Transportbeton nicht ausdrücklich eine andere Konsistenz gewünscht, liefert das Werk den Beton in der Konsistenz KR aus. Besteht der Zuschlag aus Natursand und Splitt, so ist der Zusammenhalt des Betons wegen der eckigen Form des gebrochenen Materials anders und wird zweckmäßig mit dem Verdichtungsmaß beurteilt.

Bestellung

Transportbeton B I darf allgemein, Transportbeton B II jedoch nur von Unternehmen verarbeitet werden, deren Personal bestimmte Anforderungen (DIN 1045, Abschn. 5.2.2.7) erfüllt, die über eine ständige Betonprüfstelle E verfügen und die einer Fremdüberwachung unterliegen.

Wichtig bei der Bestellung von Transportbeton sind folgende Angaben:

- Rezeptnummer laut Sortenverzeichnis
- unbewehrter Beton oder Stahlbeton
- Betonfestigkeitsklasse, ggf. besondere Eigenschaften
- Eignung für Außenbauteile
- Konsistenzbereich
- ggf. gewünschte Frühfestigkeit oder Erhärtungsverlauf (Zementart, Festigkeitsklasse)
- Größtkorn des Zuschlags
- Tag und Uhrzeit des Betonierbeginns
- Gesamtmenge und stündlicher Bedarf
- Zufahrt zur Baustelle
- Genaue Anschrift und Telefonnummer der Baustelle

Weitergehende Angaben können zweckmäßig sein, z. B. Sichtbeton, Pumpbeton, Vakuumbeton. So ist z. B. bei Vakuumbeton ein hoher Mehlkorngehalt ungünstig und seine Konsistenz sollte im Bereich KP/KR (a = 38 ... 44 cm) liegen). Ein Beton, der nicht im Sortenverzeichnis aufgeführt ist, muß wenigstens fünf Wochen vor der Lieferung bestellt werden, damit die Prüfstelle des Transportbetonwerks eine Eignungsprüfung durchführen kann. Das Beispiel einer Arbeitsanweisung/Ausführungskontrolle für das Bestellen von Transportbeton zeigt Tafel 12.

Tafel 12: Bestellen von Transportbeton

	Bestellen von Transportbeton Arbeitsanweisung/Ausführungskontrolle	Blatt Nr. . . .

Niederlassung/Werk[1]	Bauwerk Bauteil
Baustelle[1]	Bauleiter[1] Bauführer[1]

Anweisung[2]	Kontrolle[2]
☐ Stahlbeton[1]/unbewehrter Beton[1]/Spannbeton[1]	☐
☐ Betonfestigkeitsklasse B	☐
☐ Eignung für Außenbauteile	☐
☐ besondere Eigenschaften	☐
☐ weitere Eigenschaften	☐
☐ Herstellung unter Bedingungen B I[1]/B II[1]	☐
☐ Baustelle ist bei der Fremdüberwachung angemeldet	☐
☐ Fördern auf der Baustelle	☐
☐ Konsistenzbereich K	☐
☐ Zementart/-festigkeitsklasse	☐
☐ Festigkeitsentwicklung: schnell[1]/mittel[1]/langsam[1]	☐
☐ Zement, zusätzliche Eigenschaften: NW[1]/HS[1]/NA[1]	☐
☐ Zuschlag, Art . . . . Größtkorn . . . . mm,	☐
besondere Anforderungen	☐
☐ Zusatzmittel	☐
☐ bei VZ erforderliche Verarbeitbarkeitszeit . . . . . h	☐
☐ Zusatzstoff	☐
☐ Tag, Uhrzeit des Betonierbeginns	☐
☐ Gesamtmenge . . . . m^3	☐
☐ stündlicher Bedarf . . . . m^3/h	☐
☐ Anschrift, Telefon-Nummer der Baustelle	☐
☐ Baustellenzufahrt	☐
☐ Transportbetonwerk	☐
☐ Fremdüberwachung des Transportbetonwerks	☐
☐ Betonsorte Nr.	☐

[1] Nichtzutreffendes streichen
[2] Zutreffendes ankreuzen

. . . .
(Ort) (Tag) (Unterschrift)

Abnahme

Jeder Lieferung wird ein numerierter Lieferschein beigegeben, der von je einem Beauftragten des Herstellwerks und des Abnehmers zu unterschreiben ist. Der Lieferschein muß folgende Angaben enthalten:

- Herstellwerk, ggf. Angabe der fremdüberwachenden Stelle
- Empfänger der Lieferung
- Tag der Lieferung
- Uhrzeit von Be- und Entladen
- Nummer der Betonsorte nach Sortenverzeichnis
- Menge, Festigkeitsklasse und Konsistenzbereich des Betons sowie für Außenbauteile die Festigkeitsentwicklung
- Hinweis auf Eignung für unbewehrten Beton oder Stahlbeton
- ggf. Hinweis, daß eine fremdüberwachte statistische Qualitätskontrolle durchgeführt wird
- Hinweis auf eine verlängerte Nachbehandlungszeit, falls der Mindestzementgehalt für Außenbauteile durch Flugaschezugabe verringert wird
- Nummer des Fahrzeugs laut Fahrzeugverzeichnis. Auf die Übergabe des Fahrzeugverzeichnisses bei der ersten Lieferung kann verzichtet werden, wenn am Fahrzeug eine gültige, sichtbar angebrachte Transportbeton-Fahrzeug-Bescheinigung vorhanden ist
- Verarbeitbarkeitszeit bei Zugabe von verzögernden Zusatzmitteln
- Ort und Zeitpunkt der Zugabe von Fließmitteln

Die vereinbarte Konsistenz muß bei der Übergabe auf der Baustelle vorhanden sein und ist bei der ersten Lieferung durch den Verdichtungs- oder den Ausbreitversuch zu kontrollieren. Da die Aussage beider Verfahren verschieden sein kann, empfiehlt es sich, bereits bei der Bestellung eines der beiden Meßverfahren zu vereinbaren. Die weitere Konsistenzkontrolle erfolgt durch Augenschein.

Frischbeton darf auf der Baustelle kein Wasser oder Zusatzmittel, mit Ausnahme von Fließmittel, zugegeben werden. Wegen der begrenzten Wirkungsdauer kann nach den „Richtlinien für Beton mit Fließmittel und für Fließbeton" die Zugabe des Fließmittels auf der Baustelle erfolgen. Um dieses Mittel gleichmäßig im Ausgangsbeton zu verteilen, ist eine Mindestmischzeit von 5 Minuten vorgeschrieben. Läßt während der Verarbeitung die Wirkung des Fließmittels nach, ist eine Nachdosierung möglich. Dabei darf die in der Eignungsprüfung verwendete und in der Zulassung angegebene Höchstmenge auch bei mehreren Einzeldosierungen nicht überschritten werden. Die Mindestmenge für Nachdosierungen beträgt 2 ml/kg Zement. Für die Beurteilung des

Tafel 13: Lieferung/Abnahme von Transportbeton

	Abnahme von Transportbeton Arbeitsanweisung/Ausführungskontrolle	Blatt Nr. ...

Niederlassung/Werk[1]	Bauwerk Bauteil
Baustelle[1]	Bauleiter[1] Bauführer[1]

Anweisung[2]	Kontrolle[2]
☐ Betonsortenverzeichnis ist vorhanden/entgegenzunehmen[1]	☐
Lieferschein entgegennehmen und folgende Angaben kontrollieren	
☐ Empfänger der Lieferung	☐
☐ Herstellwerk	☐
☐ Fremdüberwachende Stelle	☐
☐ Hinweis, daß eine fremdüberwachte statistische .... Qualitätskontrolle durchgeführt wird	☐
☐ laufende Nummer des Lieferscheins	☐
☐ Tag der Lieferung, Uhrzeit der Beladung	☐
☐ Uhrzeit der Entladung eintragen	☐
☐ Masse/Menge	☐
☐ Eignung für bewehrten/unbewehrten[1] Beton/Beton für .... Außenbauteile[1]/Spannbeton[1]	☐
☐ Festigkeitsklasse B	☐
☐ besondere Eigenschaften	☐
☐ Mindestzementgehalt[1] .... kg/m^3, w/z-Wert[1]	☐
☐ Festigkeitsentwicklung: schnell[1]/mittel[1]/langsam[1]	☐
☐ Konsistenzbereich K	☐
☐ Ort und Zeitpunkt der Zugabe von Fließmittel	☐
☐ Hinweis auf verlängerte Nachbehandlungszeit	☐
☐ Kfz-Kennzeichen des Fahrzeugs	☐
☐ Nummer der Betonsorte	☐
☐ Unterschrift Hersteller	☐
Folgende Frischbetonprüfungen durchführen	
☐ Beim ersten Tagesfahrzeug Konsistenz mit Verdichtungs-/ Ausbreitversuch[1] prüfen	☐
☐ Meßwert auf Lieferschein schreiben (Ist-Wert)	☐
☐ Ist-Wert mit Soll-Wert vergleichen v[1] von ..... bis ....., a[1] von ..... bis ..... cm	☐
☐ Konsistenzprüfung nach Augenschein, bei Zweifel Messung	☐
☐ ..... Würfel, ... cm Kantenlänge herstellen	☐
☐ Gleichzeitig Konsistenzprüfung und Vergleich mit Soll-Wert	☐
☐ Luftgehalt messen, Häufigkeit	☐
☐ Luftgehalt mit Soll-Wert von ..... bis ..... Vol.-% vergleichen	☐
☐ Meßwerte in Vordruck 7* eintragen	☐
☐ Bei Abweichung Rücksprache mit	☐
☐ Angegebene Anweisung auf Lieferschein schreiben und ausführen	☐

1) Nichtzutreffendes streichen

2) Zutreffendes ankreuzen

....

(Ort) (Tag) (Unterschrift)

* Vordruck 7 „Beton – Frischbetonprüfung, Probekörperherstellung", Beton-Verlag, Düsseldorf

w/z-Wertes ist die gesamte Zusatzmittelmenge dem Wassergehalt zuzurechnen, wenn sie 2,5 l/m³ Frischbeton übersteigt.

Das Beispiel einer Arbeitsanweisung/Ausführungskontrolle für die Abnahme von Transportbeton zeigt Tafel 13.

4.2 Baustellenbeton

Die Anlieferung von Zement erfolgt lose in Silofahrzeugen oder in Säcken zu 25 kg (bisher 50 kg). Loser Zement wird mittels Druckluft in Vorratssilos geblasen, aus denen er mit Hilfe mechanischer Abzugsvorrichtungen (z. B. Schnecken) staubfrei entnommen werden kann. Die Vorratssilos müssen auf Fundamenten ausreichend standfest errichtet sein.

Bei jeder Lieferung von losem Zement erhält der Abnehmer neben dem Lieferschein ein witterungsbeständiges Blatt, das alle wesentlichen Angaben des gelieferten Zements enthält. Die Festigkeitsklassen sind durch die Grundfarbe des Blattes und die Farbe des Aufdrucks gekennzeichnet. Dieses Blatt muß im Schaukasten des Silos angeheftet werden, um Verwechslungen bei der Entnahme und beim Nachfüllen zu vermeiden. Bei Anlieferung des Zements in Säcken gibt die Grundfarbe des Sackes sowie die Farbe des Aufdrucks die jeweilige Festigkeitsklasse an (Tafel 2).

Sackzement ist sorgfältig vor Feuchtigkeit zu schützen, wobei sowohl Schlagregen als auch aufsteigende Feuchtigkeit fernzuhalten sind (Bild 8).

Offen liegender Zement nimmt Feuchtigkeit auf und verliert dadurch an Festigkeit. Als Faustregel gilt, daß bei sachgemäßer Lagerung, z. B. im Silo oder in Papiersäcken in einer trockenen Baubude, nach drei Monaten eine Festigkeitsminderung von über 10% eintritt. Die Minderung der Anfangsfestigkeit bei schnell erhärtenden Zementen kann größer sein, deshalb sollten auf der Baustelle Zemente der Festigkeitsklasse 52,5 und 52,5 R nicht länger als

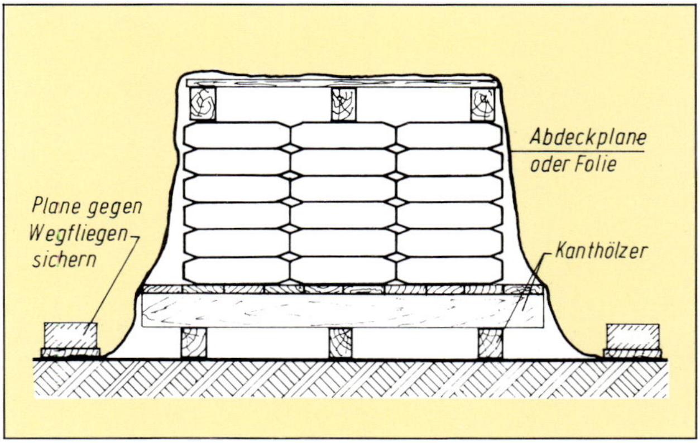

Bild 8: Lagerung von Sackzement

einen Monat, Zemente der übrigen Festigkeitsklassen nicht länger als zwei Monate lagern. Zement mit Klumpen, die sich nicht mehr in der Hand zerdrücken lassen, darf nicht verwendet werden.

Zuschläge sind bei Anlieferung und Lagerung vor Verunreinigung zu schützen. Hierzu gehören u. a. folgende Vorkehrungen:

- saubere Transportfahrzeuge
- befestigte und saubere Zufahrtswege
- saubere Lagerflächen, z. B. aus Beton (Bild 9)
- Schutz vor einfallendem Laub.

Werden die Zuschläge getrennt nach Korngruppen in ebenerdigen Boxen gelagert, so müssen die Trennwände ausreichend hoch und lang sowie standfest sein, damit ein Vermischen der einzelnen Korngruppen verhindert wird. Eine Entwässerung der Boxen durch ausreichendes Gefälle empfiehlt sich, um eine zu starke Anreicherung der unteren Schichten mit Niederschlagwasser zu vermeiden. Dies gilt vor allen Dingen für Sand.

Die Wirkungsgruppen von Betonzusatzmitteln sind auf Verpackung bzw. Lieferschein und Gebrauchsanweisung farblich gekennzeichnet (z. B. Betonverflüssiger gelb). Die Verpackung der Betonzusatzmittel ist so zu behandeln, daß die Angaben über Art, Prüfzeichen, Zusatzmenge usw. lesbar bleiben. Flüssige Zusatzmittel sind frostsicher aufzubewahren, pulverförmige vor Feuchtigkeit zu schützen. Vor Gebrauch sind die flüssigen Mittel, auf jeden Fall nach längerer Lagerung, umzurühren. Betonzusatzstoffe (Flugasche, Traß, Gesteinsmehl) müssen, ähnlich wie der Zement, trocken gelagert werden.

Die Ausgangsstoffe werden entsprechend der Mischanweisung zusammengesetzt. Für das Abmessen gilt nach DIN 1045:

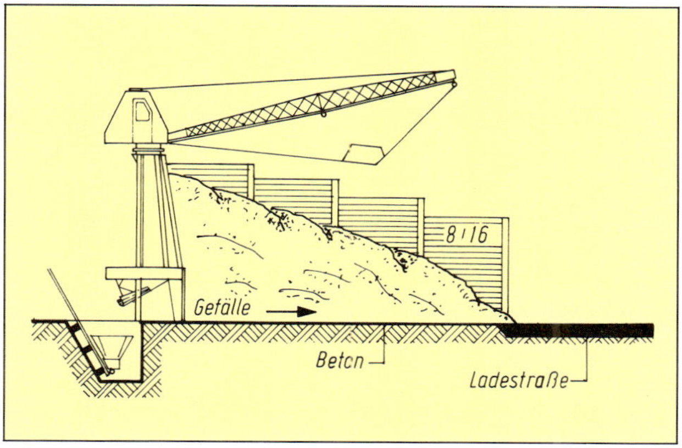

Bild 9: Vorbildliche Lagerung der Zuschläge in einer Box

- Zement, Zuschlag, Zugabewasser müssen mit einer Genauigkeit von 3% abgemessen werden
- Zement muß nach Gewicht zugegeben werden
- Zuschläge sind in der Regel nach Gewicht zuzugeben.

Betonmischer sind von erfahrenem Personal zu bedienen, das auch bei schwankender Oberflächenfeuchte der Zuschläge in der Lage ist, die festgelegte Konsistenz einzuhalten. Eine Hilfe können Feuchtigkeitsmeßgeräte sein, mit denen die Wasserzugabe in Abhängigkeit von der Oberflächenfeuchte der Zuschläge automatisch reguliert werden kann.

5 Betonverarbeitung

Beton ist möglichst bald nach dem Mischen, Transportbeton möglichst sofort nach der Anlieferung zu verarbeiten. Ist dies ausnahmsweise nicht möglich, muß der Beton gegen Witterungseinflüsse (Sonne, Wind, Regen) geschützt werden. Bei trockenem und warmem Wetter sollte Baustellenbeton i. a. innerhalb einer halben Stunde, bei kühler und feuchter Witterung innerhalb einer Stunde eingebracht und verdichtet sein. Durch Erstarrungsverzögerer kann die Verarbeitbarkeit verlängert werden.

Vor dem Beginn der Betonierarbeiten sind Schalung und Bewehrung noch einmal auf die planmäßige Ausführung zu überprüfen (s. Tafel 14). Bei Beton B II muß auf der Baustelle eine schriftliche Arbeitsanweisung vorliegen, die die Maßnahmen zur Förderung und Verarbeitung des Betons enthält.

5.1 Fördern

Es wird zwischen Befördern und Fördern von Frischbeton unterschieden. Unter Befördern wird die Anlieferung des Frischbetons verstanden, z. B. vom Transportbetonwerk oder von einer benachbarten Baustelle. Der Beton ist während des Beförderns vor schädlichen Witterungseinflüssen – Hitze, Kälte, Niederschläge, Wind – zu schützen. Er kann mit beliebigen Fahrzeugen befördert werden. Es muß jedoch gewährleistet sein, daß keine Bestandteile, insbesondere kein Zementleim, verloren gehen.

Wird Baustellenbeton von einer benachbarten Baustelle nicht in Fahrzeugen mit Rührwerk oder Mischfahrzeugen zur Verwendungsstelle befördert, muß Beton der Konsistenzbereiche KP, KR und KF spätestens 20 Minuten, Beton der Konsistenz KS spätestens 45 Minuten nach dem Mischen vollständig entladen sein. Letztes gilt auch für Transportbeton. Fahrzeuge mit Rührwerk oder Mischfahrzeuge sollen nach spätestens 90 Minuten entladen sein. Warme Witterung oder starke Sonneneinstrahlung können kürzere Zeiten erforderlich machen.

Das Fördern des Frischbetons beginnt mit der Übergabe des Transportbetons auf der Baustelle bzw. bei Baustellenbeton mit der Entleerung des Mischers; es endet an der jeweiligen Einbaustelle. Förderart und Betonzusammensetzung sind so aufeinander abzustimmen, daß Entmischungen zuverlässig verhindert werden. Außerdem hängt die Wahl des Fördermittels – Krankübel, Pumpe, Förderband usw. – von den Besonderheiten der jeweiligen Baustelle (z. B. Einbauleistung, Bauwerksgegebenheiten), von der einzubringenden Menge, der Förderweite und Förderhöhe, den Bauteilabmessungen und den für die Baustelle verfügbaren Geräten des Unternehmens ab.

In Kran- oder Aufzugkübeln wird vorwiegend weicher (KR) oder plastischer Beton (KP) gefördert. Eine Entmischung ist bei dieser Förderart nicht zu

Tafel 14: Schalung und Bewehrung

	Schalung und Bewehrung Arbeitsanweisung/Ausführungskontrolle	Blatt Nr. ...
Niederlassung/Werk[1)] Baustelle[1)]	Bauwerk Bauteil Bauleiter[1)] Bauführer[1)]	

Anweisung	Kontrolle
☐[2)] Geprüfte und freigegebene Pläne[1)] / .... liegen vor	☐[2)]
☐ Prüfeintragungen (grün[1)] / ....[1)]) berücksichtigen	☐
☐ Art der Schalung:	☐
☐ Mit Fugen[1)] / ohne Fugen[1)] schalen	☐
☐ Neue Schalung vorbehandeln:	☐
☐ Schalungsanschluß abdichten:	☐
☐ Reinigungsöffnungen vorsehen:	☐
☐ Schalung reinigen:	☐
☐ Trennmittel vor dem Bewehren auftragen:	☐
☐ Abmessungen, Höhen, Ebenheit u. Dichtigkeit der Schalung	☐
☐ Art und Anzahl der Stützen[1)] / Aussteifungen[1)] / Zwingen[1)] / Spreizen[1)] /	☐
☐ Holzstützen und Holzdruckstreben nur aus Kernholz	☐
☐ Aussparungen[1)] / Einbauteile[1)] /	☐
☐ Lage der Bewegungsfugen[1)] / Arbeitsfugen[1)] /	☐
☐ Lage und Profil der Fugenbänder[1)] /	☐
☐ Leisten zum Brechen von Kanten und Kennzeichnen von Höhen	☐
☐	☐
☐	☐
☐ Betonstabstahl[1)] / Betonstahlmatten[1)]: Sorte ..../	☐
Durchmesser / Anzahl / Form / Lage / Abstand / Verankerung / Schweißungen / Stöße / ....[1)]	☐
☐ Abstandhalter und -böcke: Art / Anzahl / Höhe / ....[1)]	☐
☐ Bewehrung ausreichend verknüpft und standfest	☐
☐ Anschlußbewehrung	☐
☐ Betondeckung .... cm	☐
☐ Verschmutzungen: Trennmittel / ....[1)]	☐
☐ Lücken zum Einbringen und Verdichten des Betons	☐
☐	☐
☐	☐
☐ Bei zusätzlichen Fragen bitte Rücksprache mit	☐

[1)] Nichtzutreffendes streichen
[2)] Zutreffendes ankreuzen

....

(Ort) (Tag) (Unterschrift)

befürchten, solange die Verschlußklappen der Kübel dicht schließen und somit kein Zementleim auslaufen kann. Werden fahrbare Behälter, z. B. Japaner, eingesetzt, besteht bei langen und unebenen Wegen die Gefahr einer Entmischung des Betons, vor allem bei weicher Konsistenz (KR).

Mit Förderbändern sollte nur plastischer Beton (KP) gefördert werden. Bei der Bandförderung von steifem (KS) oder weichem Beton (KR) ist wegen der Entmischungsgefahr Vorsicht geboten. Es ist erforderlich, an der oberen Umlenkrolle des Förderbandes ein Prallblech, zum Entfernen des Zementleims vom Band einen Abstreifer und zum Zusammenhalten des Betons Vorrichtungen an der Abwurfstelle z. B. Fallrohre anzuordnen. Bei langen Bandstraßen muß der Beton gegen Witterungseinflüsse geschützt werden.

Für das Fördern durch Pumpen sind an die Betonzusammensetzung bestimmte Anforderungen zu stellen. Der Beton muß über ein gutes Zusammenhaltevermögen verfügen, sich besonders bei Förderung durch Rohrleitungen mit kleinem Durchmesser leicht verformen lassen und eine gleichmäßige Konsistenz aufweisen.

Beim Verlegen der Rohrleitung sollten die folgenden Punkte berücksichtigt werden: es sind nur Rohre, Kupplungen und Schläuche zu verwenden, die nicht schadhaft sind; die Rohrleitung soll nur unbedingt erforderliche Richtungsänderungen aufweisen; unnötige Bögen sind zu vermeiden, da der Verformungswiderstand in gebogenen Rohren wesentlich größer ist als in geraden.

Es ist zweckmäßig, die Rohrleitung so zu verlegen, daß zunächst über die größte Entfernung gepumpt wird. Im Verlaufe des Betoniervorganges wird dann durch Abnehmen einzelner Rohre die Leitung verkürzt. Falls keine Verteilerschläuche angeschlossen sind, ist an der Einbaustelle die Rohrleitung möglichst so hoch zu legen, daß der Beton ohne häufiges Umlegen der Rohrleitung oder Abnehmen von einzelnen Rohren eventuell über Rutschen verteilt werden kann.

Bei einer Hochförderung sollte die Rohrleitung nicht schräg, sondern senkrecht verlegt werden. Sie ist gut zu befestigen. Die Entfernung Betonpumpe – Steigleitung ist möglichst groß zu wählen, damit die Reibung des Betons in der waagerechten Leitung den Druck der Betonsäule aufnehmen kann. In der Praxis hat sich ein Verhältnis der Länge der Steigleitung zur unteren horizontalen Leitungslänge von etwa 2 : 1 als zweckmäßig herausgestellt. Auch der Einbau eines Absperrschiebers in die untere horizontale Leitung hat sich bewährt. Dies ist vor allem dann von Vorteil, wenn wegen eines Verstopfers im Übergangsstück an der Pumpe die Leitung geöffnet werden muß.

In einer Abwärtsleitung darf die Betonsäule nicht abreißen. Um dies zu vermeiden, sind Widerstände in Form von Rohrkrümmern (Staubögen) einzubauen. Diese sind vor allem dann erforderlich, wenn sich an die Gefälleleitung keine längere horizontale Leitung anschließt. Auch durch ein Ansteigen der Rohrleitung im Anschluß an die Gefälleleitung kann ein Abreißen der Betonsäule vermieden werden. Störend wirken sich bei einer Abwärtsförderung Luftpolster aus, die sich im Krümmer vor der Gefälleleitung bilden können.

5.2 Einbringen

Für jedes Betonieren gilt, daß die Betonierleistung der Verarbeitungsleistung der Kolonne und die Zahl der Rüttler und deren Bedienungspersonal dem Antransport des Betons angepaßt sind. Der Schalungsaufbau mit seinen Verankerungen und der Bewehrungsaufbau müssen so aufeinander abgestimmt sein, daß innerhalb einer Wand wenig Behinderungen vorhanden sind. Anker und Haken sollten deshalb möglichst untereinander angeordnet sein.

Vor dem Einbringen des Betons sind die Schalungen von allen losen Materialien (Bindedrahtreste, Abstandhalter, Nägel, Holzspäne usw.) zu reinigen und ggf. vorzunässen (Kapitel 8). Wasserlachen, auch nach Regenfällen, sind zu entfernen, z. B. durch Ausblasen mit ölfreier Druckluft.

Grundsätzlich muß Beton eingebracht und verdichtet sein bevor er ansteift. Beim Einbringen darf er sich nicht entmischen. Stürzt Beton in Wand- und Stützenschalungen frei herab, so wächst mit der Fallhöhe die Entmischungsgefahr besonders bei dichter waagerechter Bewehrung. Daher sollte bei Fallhöhen über 2 m der Beton durch Fallrohre zusammengehalten werden. Diese sind – wie Rutschen oder Verteilerschläuche von Pumpleitungen – bis kurz über die jeweilige Einbaustelle zu führen. Bereits bei der Planung sind genügend Öffnungen in der Bewehrung für das Einführen der Schüttrohre vorzusehen. Durch möglichst kurze Abstände der Einfüllstellen läßt sich die Bildung von Schüttkegeln vermeiden.

Unabhängig von der Art des Einbringens ist darauf zu achten, daß Bewehrung, Einbauteile und Schalungsflächen eines später zu betonierenden Abschnittes nicht durch Beton verkrustet werden.

Soweit es die Verhältnisse des Bauteils erlauben, ist der Beton in möglichst gleichmäßig dicker Schicht mit waagerechter Oberfläche zu schütten. Als Richtmaß für die Schütthöhe können 50 cm gelten.

Schüttgeschwindigkeit des einzubringenden Betons – vor allem für Stützen und Wände – und Tragfähigkeit der Schalung sind aufeinander abzustimmen. Bei Schalungen für Fließbeton muß darauf geachtet werden, daß sich ein höherer Betondruck auf die Schalung als bei weichem Beton ergibt (Kapitel 8). Nach Möglichkeit ist der Betoniervorgang – insbesondere bei Sichtbeton – nicht zu unterbrechen.

Wände, Stützen und hohe Unterzüge sind vor den in diese einbindenden Konstruktionsglieder wie Platten, Balken oder Riegel zu betonieren.

Muß z. B. bei Säulenfüßen oder bei Anschlüssen von Wänden an Decken an trockenen älteren Beton anbetoniert werden, so ist dieser vorher genügend lang anzufeuchten. Damit läßt sich verhindern, daß dem jungen Beton Wasser entzogen wird. Zum Zeitpunkt des Anbetonierens muß die Oberfläche des älteren Betons etwas abgetrocknet sein und nur noch matt feucht glänzen. Um in einer solchen Arbeitsfuge eine bessere Verbindung der Betonschicht zu erhalten, empfiehlt es sich, die Anschlußmischung mit weniger Grobkorn herzustellen (Kapitel 11).

5.3 Verdichten

Beton mit geschlossenem Gefüge muß vollständig verdichtet werden, um die geforderten Eigenschaften zielsicher zu erreichen und die Bewehrungsstäbe dicht zu umhüllen. „Praktisch vollständig verdichteter Frischbeton“ ist dann gegeben, wenn der Beton sich nicht mehr setzt, die Oberfläche mit Feinmörtel geschlossen ist und nur noch vereinzelt Luftblasen austreten. So verdichteter Frischbeton hat im allgemeinen einen Luftgehalt von etwa 1,5 Vol.-%.

Das Verdichten des Betons ist von erfahrenen und zuverlässigen Arbeitskräften vorzunehmen. Sorgfalt ist vor allem bei dichter Bewehrung erforderlich. Hier besteht sonst die Gefahr, daß Zwischenräume nicht vollkommen mit Beton ausgefüllt werden und dadurch Verbund und Korrosionsschutz nicht gewährleistet sind. In Ecken und längs der Schalung ist besonders intensiv zu verdichten.

Nach der Art der Verdichtungsarbeit wird unterschieden in: Stampfen, Rütteln und Stochern. Die Verdichtungsart ist abhängig von der Konsistenz (Tafel 15). Das Beispiel einer Arbeitsanweisung/Ausführungskontrolle enthält Tafel 16.

Steifer Beton (KS) für untergeordnete Bauteile, z. B. Fundamentstreifen, kann durch Stampfen verdichtet werden. Die Schichten müssen so lange gestampft werden, bis der Mörtel im Beton aufsteigt und eine geschlossene Oberfläche entsteht. Die verdichtete Schicht soll nicht dicker als 15 cm sein. Besser und wirksamer läßt sich steifer Beton durch leistungsfähige Rüttler verdichten.

Tafel 15: Wahl der Verdichtungsart in Abhängigkeit von der Konsistenz

Verdichtungsart		Konsistenz des Betons			
		steif KS	plastisch KP	weich KR	fließfähig KF
Stampfen		×			
Oberflächenrüttler	Platte	×			
	Bohle	×	×	×	×
Innenrüttler		×	×	×	×
Außenrüttler (Schalungsrüttler)			×	×	×
Stochern bzw. mehrmaliges Abziehen				×	×
Zusätzliches Klopfen an der Schalung			×	×	×

Tafel 16: Verdichten von Beton

	Verdichten von Beton Arbeitsanweisung/Ausführungskontrolle	Blatt Nr. ...

Niederlassung/Werk[1]	Bauwerk Bauteil
Baustelle[1]	Bauleiter[1] Bauführer[1]

Anweisung					Kontrolle
Wahl der Verdichtungsart \ Konsistenz	☐ KS	☐ KP	☐ KR	☐ KF	☐[2]
Stampfen	☐				☐
Oberflächenrüttler	☐	☐	☐	☐	☐
Innen-/Tauchrüttler	☐	☐	☐	☐	☐
Außen-/Schalungsrüttler		☐	☐	☐	☐
Stochern			☐	☐	☐
Zusätzliches Klopfen an der Schalung		☐	☐	☐	☐

Anweisung	Kontrolle
☐[2] Besonderes: Leichtbeton[1] / Sichtbeton[1] /	☐
☐ Stampfen mit	☐
☐ Schichtdicke fertig verdichtet .... cm	☐
☐ Oberflächenrüttler: Rüttelbohle[1] Rüttelplatte[1] ....[1]	☐
☐ Schichtdicke fertig verdichtet .... cm	☐
☐ Anzahl der Übergänge	☐
☐ Fortbewegungsgeschwindigkeit	☐
☐ Baustellenversuch durchführen. Ergebnis:	☐
☐ Geneigte Oberfläche von unten nach oben verdichten	☐
☐ Die Rüttelbohle soll direkt auf der Schüttung aufsitzen	☐
☐ Die Rüttelbohle ist über Schienen[1] / ....[1] zu führen	☐
☐ Innenrüttler:	☐
☐ Durchmesser .... mm; Eintauchabstand .... cm	☐
☐ Einschichtiger[1] / mehrschichtiger[1] Einbau des Betons	☐
☐ Schichtdicke fertig verdichtet .... cm	☐
☐ Mehrschichtiger Einbau: Rüttler durch die zu verdichtende Schicht hindurch 10–20 cm in die bereits verdichtete Schicht eintauchen	☐
☐ Schalungsrüttler:	☐
☐ Abstand der Ansatzpunkte .... cm	☐
☐ Rüttler einseitig[1] / beidseitig[1] an der Schalung anbringen	☐
☐ Rüttler einschalten, wenn die Füllhöhe oberhalb der Ansatzpunkte liegt	☐
☐ Nachverdichten mit	☐
☐ Zeitpunkt des Nachverdichtens .... Std. nach Einbringen	☐
☐ Bei zusätzlichen Fragen bitte Rücksprache mit	☐

[1] Nichtzutreffendes streichen
[2] Zutreffendes ankreuzen

....
(Ort) (Tag) (Unterschrift)

In der Regel ist Rütteln die Verdichtungsart für Beton des Konsistenzbereichs KP. Weicher Beton des Konsistenzbereichs KR und besonders KF soll im allgemeinen nur leicht gerüttelt oder gestochert werden. Beim Stochern ist der Beton so durchzuarbeiten, daß die in ihm enthaltenen Luftblasen entweichen. Vertikale Schalungsflächen können zusätzlich mit Hammer- oder Elektrohammer abgeklopft werden.

Für horizontale Flächen, z. B. Fundament- oder Deckenplatten, aus sehr fließfähigem Beton genügt ein 1- oder 2maliges Abziehen zur Verdichtung. Werden hohe Anforderungen an die Ebenheit gestellt, ist die Verwendung von Doppelbohlen (maschinen- oder handgeführt) erforderlich.

Form und Abmessung der Bauteile bestimmen beim Rütteln Art und Abmessung der Rüttler. Die erforderliche Größe der Innenrüttler hängt außerdem mit der Verdichtungswilligkeit des Betons und der Größe der Rüttellücken zusammen.

Die Rüttelflasche ist in möglichst gleichen Abständen rasch in den Beton einzuführen und nach kurzem Verharren im Tiefstpunkt langsam herauszuziehen, wobei sich die Oberfläche des Betons schließen muß. Bei dieser Arbeitsweise kann die im Frischbeton eingeschlossene Luft entweichen. Schließt sich die Oberfläche des Betons nicht mehr, war entweder die Rütteldauer nicht ausreichend, die Konsistenz für den verwendeten Rüttler zu steif oder das Erstarren des Betons hat bereits begonnen.

Beton soll durch Innenrüttler nicht verteilt werden; eine Ausnahme ist die Unterfüllung von Einbauten (Bild 10). Die günstigere Lösung ist die Verwendung von Fließbeton.

Bei sachgemäßer Verdichtung und richtig gewählter Konsistenz bildet sich an der Oberfläche eine dünne Feinmörtelschicht. Entsteht jedoch durch Entmischung eine dickere, wässerige Schlempeschicht, dann war der Beton für den eingesetzten Rüttler zu weich oder die Rütteldauer zu lang.

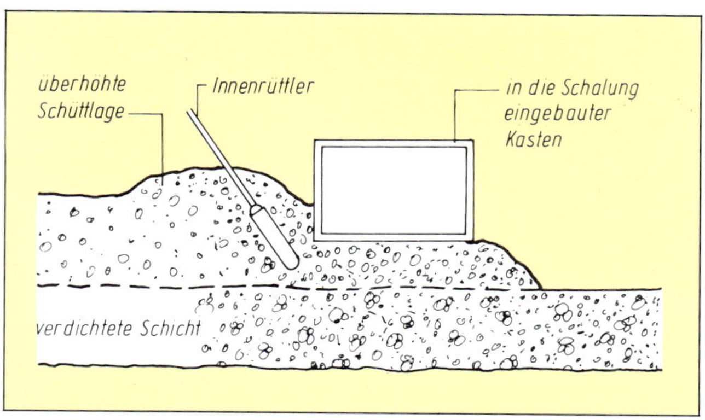

Bild 10: Sattes Unterfüllen von Einbauten durch einseitiges Anschütten und Rütteln mit später folgendem Nachrütteln

Tafel 17: Anhaltswerte für den Durchmesser des Wirkungsbereichs und den Abstand der Eintauchstellen

Durchmesser des Innenrüttlers mm	Durchmesser des Wirkungsbereichs cm	Abstand der Eintauchstellen cm
<40	30	25
40 bis 60	50	40
>60	80	70

Der Abstand der Eintauchstellen ist so zu wählen, daß sich die von der Rüttelbewegung erfaßten Betonbereiche überschneiden. Je nach Rüttlergröße und Beschaffenheit des Betons können sich Abstände der Eintauchstellen zwischen 25 cm und 70 cm ergeben (Tafel 17). Vereinfacht gilt: Abstand der Eintauchstellen gleich 10facher Durchmesser des Innenrüttlers.

Ist nur eine dünne Betonschicht zu verdichten, sollte der Rüttler etwas schräg eingetaucht werden. Dadurch läßt sich eine bessere Verdichtung erzielen als beim lotrechten Eintauchen. Neigung und Richtung des Rüttlers sollen bei schrägem Eintauchen immer gleich sein.

Wird Beton in mehreren Schichten „frisch in frisch" eingebracht, muß die Rüttelflasche durch die zu verdichtende Schicht hindurch noch etwa 10 bis 15 cm tief in den darunter befindlichen Beton eintauchen, damit eine Verbindung der beiden Schichten gewährleistet ist (Bild 11). Der Beton der unteren, bereits verdichteten Schicht darf daher nur so weit angesteift sein, daß er wieder plastisch wird. Insbesondere bei Sichtbeton sind Innenrüttler nicht zu nahe an Schalungsflächen einzusetzen, vor allem wenn die Schalung bei weicher Ausbildung stark mitschwingen kann. Dabei besteht die Gefahr, daß an undichten Fugen Zementleim

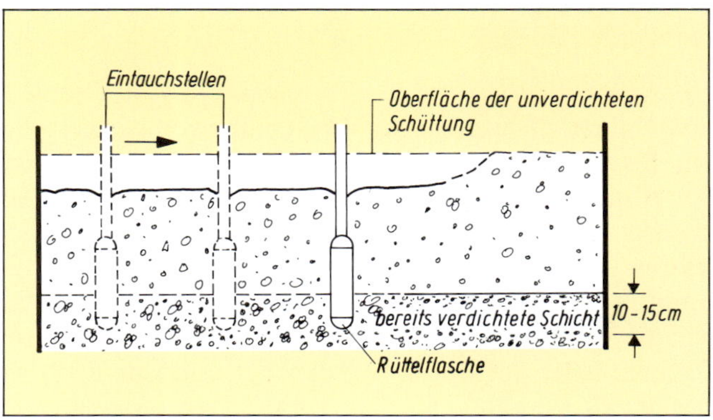

ausläuft und Kiesbänder die Folge sind. Weist der Beton ein zu geringes Wasserrückhaltevermögen auf, so kann an nicht saugender glatter Schalung beim Rütteln Wasser aufsteigen, das auf der Betonfläche sandige Streifen hinterläßt. Das passiert auch bei gut zusammengesetzten Betonen, die zu lange gerüttelt werden. Bei zu großem Abstand des Rüttlers von der Schalung ist mit einer ungleichmäßigen und porenreichen Fläche zu rechnen. Der zweckmäßige Abstand des Rüttlers von der Schalung ist abhängig von seiner Wirkung; doch sollte auch bei Rüttlern mit geringem Wirkungsbereich der Abstand nicht kleiner als 10 cm sein.

Ein längeres Berühren der Bewehrung mit dem Rüttler ist zu vermeiden. Andernfalls reichert sich wasserreiche Schlempe um die Bewehrungsstäbe an, die den Verbund zwischen Stahl und Beton vermindert. Außerdem kann sich die Bewehrung an der Betonfläche abzeichnen. Im bereits angesteiften Beton horizontaler Bauteile können Risse über der Bewehrung auftreten.

Beim Herstellen von Stützen empfiehlt es sich, nach dem Einbringen des Anschlußbetons (Kapitel 11) zunächst den Innenrüttler in die Schalung einzuführen, eine Lage Beton einzubringen, den Rüttler in Gang zu setzen, bis kurz unterhalb des Schüttspiegels langsam herauszuziehen und ihn dann wieder abzustellen. Dieses Verfahren ist bis zum Erreichen des Säulenkopfes zu wiederholen. Es kann bei Anwendung mehrerer Rüttler auch für die Herstellung von Wänden eingesetzt werden.

Außenrüttler werden an Schalungen (Schalungsrüttler), Rütteltischen, Rüttelböcken, Formen, Platten oder Bohlen (Oberflächenrüttler) befestigt.

Schalungsrüttler (Außenrüttler) werden an die Schalung (Schalungsversteifung, nicht Schalhaut) angesetzt und häufig mit ihr fest verbunden. Der Beton wird über die Schalung in Schwingungen versetzt; dabei müssen Rüttler und Steifigkeit der Schalung aufeinander abgestimmt sein. Schalungsrüttler werden oft zusätzlich zu Innenrüttlern eingesetzt, z. B. bei enger Schalung und dichter Bewehrung.

Die Rüttler sollen i. d. R. erst eingeschaltet werden, wenn die Schalung bis über die Ansetzstellen des Rüttlers mit Beton gefüllt ist. Die anschließenden Schichten werden in einer Höhe von 25 bis 30 cm eingebracht.

Oberflächenrüttler sind als Rüttelplatten, Rüttelbohlen oder Abgleichbohlen ausgebildet. Sie werden zur Verdichtung von waagerechten oder gering geneigten Betonschüttungen eingesetzt. Sitzt das Rüttelgerät unmittelbar auf der Schüttung auf, muß der zu verdichtende Beton möglichst steif sein. Wird plastischer Beton mit Bohlen verdichtet, sind diese über Lehren oder Schienen zu führen. Der Oberflächenrüttler ist mit gleichmäßiger Geschwindigkeit – wenn nötig in mehreren Übergängen – über die Schüttung zu führen. Eine ausreichende Verdichtung kann dann angenommen werden, wenn hinter dem Oberflächenrüttler der Beton mitschwingt und nur noch wenige Luftblasen austreten.

Bild 12: Prinzip des Vakuum-Verfahrens

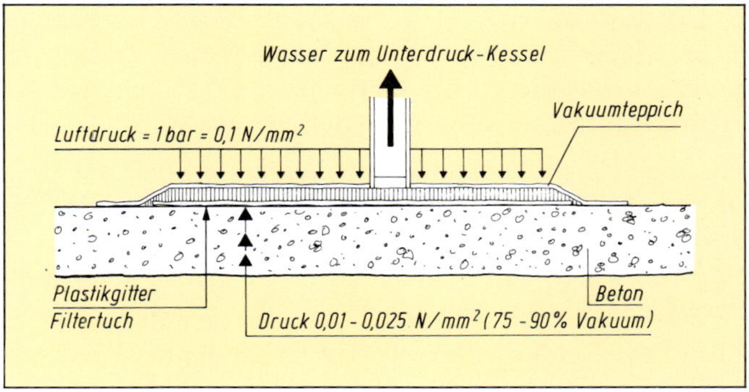

Die Dicke der Betonschüttung, die verdichtet werden kann, ist von den Kennwerten des Rüttlers, der Einwirkzeit und der Beschaffenheit des Betons abhängig. Unter kräftig wirkenden Oberflächenrüttlern soll die Schicht nach dem Verdichten in der Regel 20 cm nicht überschreiten. Bei Verwendung von leichten Bohlen, die über Lehren oder Schienen geführt werden, kann bei der Verdichtung von plastischem Beton mit einer Tiefenwirkung von 15 cm gerechnet werden.

Beim Einsatz von Rüttelplatten sollen sich die Rüttelbahnen mehrere Zentimeter überdecken. An die Ebenheit der Oberfläche können nur geringe Anforderungen gestellt werden.

Eine *Vakuumbehandlung* entzieht dem Beton Wasser, reduziert damit den Wasserzementwert und verbessert eine Reihe von Betoneigenschaften, wie z. B. Druckfestigkeit, Dichtigkeit. Auch die Schwindverformung verringert sich wegen des geringeren Wassergehaltes, die Fugenabstände können vergrößert werden.

Der Beton wird zunächst normal eingebracht und verdichtet (Überhöhung von 3% erforderlich). Je nach Ebenheitsanforderung ist er mit geeignetem Gerät abzuziehen. Erst danach beginnt die Vakuumbehandlung (Bild 12).

Die Dauer beträgt i. d. R. 1 Minute pro cm Deckendicke. Unmittelbar danach sind die Flächen begehbar, werden mit Glättscheiben oder Glättflügeln nachgearbeitet und anschließend nachbehandelt.

5.4 Nachverdichten

Durch ein erneutes Einführen des Rüttlers in bereits verdichteten, noch nicht erstarrten Beton (Nachrütteln) kann seine Dichtigkeit und Festigkeit weiter verbessert werden, vor allem bei Beton mit höherem Wassergehalt, geringem Wasserrückhaltevermögen oder wenn mit hoher Steiggeschwindigkeit eingebracht wurde. Im oberen Bereich höherer Bauteile ist ein Nachrütteln unerläßlich.

Hohlräume, die sich durch Nachsacken des Frischbetons z. B. unter waagerechten Bewehrungsstäben oder Aussparungen gebildet haben, können wieder geschlossen werden. Auch läßt sich die Rißneigung von Betonwänden dadurch verringern. Sichtbetonflächen werden besser.

Voraussetzung für das Nachverdichten ist, daß der Beton noch verformbar ist. Der Zeitpunkt soll soweit wie möglich hinausgeschoben werden. Er hängt u. a. von der Zusammensetzung des Betons und seiner Temperatur ab. Zum Nachverdichten von Wänden eignen sich auch Oberflächenrüttler, sofern die Oberfläche hierfür zugänglich ist. Ein Nachverdichten von waagerechten Betonflächen kann auch durch sogenannte *Glättmaschinen* (Propeller- oder Scheibenglätter) erfolgen. Dadurch läßt sich z. B. die Gefahr von Frühschwindrissen vermindern.

5.5 Betonieren bei kühler Witterung und bei Frost

Bei kühler Witterung tritt eine Verzögerung des Erstarrens und der Festigkeitsentwicklung ein. Beispielsweise benötigt ein Beton bei 5 °C Lagertemperatur etwa die doppelte Zeit, bis er die gleiche Festigkeit erreicht hat wie bei 20 °C-Lagerung (s. Tafel 18).

Bei Frost kommt die Festigkeitsentwicklung praktisch zum Stillstand. Gefriert Wasser in jungem Beton, so kann das Betongefüge durch den dabei entstehenden Eisdruck gelockert oder gar gesprengt werden. Der Beton sollte so zusammengesetzt und geschützt sein, daß er möglichst schnell ein einmaliges Durchfrieren ohne Schädigung übersteht. Diese Gefrierbeständigkeit ist erfahrungsgemäß bei einem jungen Beton mit einem Zementgehalt von mindestens 270 kg/m^3 und einem Wasserzementwert von höchstens 0,60, der vor starkem Feuchtigkeitszutritt (z. B. Niederschläge) geschützt wird, dann erreicht, wenn seine Temperatur bei Verwendung von rasch erhärtenden Zementen (32,5 R; 42,5; 42,5 R; 52,5; 52,5 R) wenigstens 3 Tage lang +10 °C nicht unterschritten

Tafel 18: Erhärtungszeit für Gefrierbeständigkeit (Anhaltswerte)

Zement-festigkeits-klasse	Erforderliche Erhärtungszeit in Tagen zum Erreichen der Gefrierbeständigkeit eines Betons mit w/z-Wert 0,60		
	Betontemperatur		
	5 °C	12 °C	20 °C
52,5 R; 52,5; 42,5 R	¾	½	½
42,5; 32,5 R	2	1½	1
32,5	5	3½	2

Tafel 19: Mindesttemperatur des Frischbetons

Lufttemperatur	Mindesttemperatur des Frischbetons
+5 °C bis −3 °C	+ 5 °C allgemein
	+10 °C bei Zementgehalt kleiner 240 kg/m³ u. bei NW-Zementen
kleiner −3 °C	+10 °C außerdem soll diese Temperatur wenigstens 3 Tage gehalten werden

hat oder wenn er bereits eine Druckfestigkeit von 5 N/mm² aufweist (Erhärtungsprüfung erforderlich).

Beton, der gefrierbeständig ist, erhärtet nach dem ersten Durchfrieren und Auftauen normal weiter, vorausgesetzt, die erforderliche Nachbehandlung wird durchgeführt. Mehrmalige Frost-Tau-Wechsel übersteht ein gefrierbeständiger Beton meist nicht schadlos, hierfür muß er frostbeständig sein.

Während des Herstellens, Einbringens und Nachbehandelns von Beton B II – auch Transportbeton B II – sind bei Lufttemperaturen unter +8 °C die Höchst- und Tiefsttemperaturen jedes Tages, bei Lufttemperaturen unter +5 °C zusätzlich die Frischbetontemperatur in das Bautagebuch einzutragen.

Höhere Frühfestigkeit wird durch eine höhere Zementfestigkeitsklasse und einen niedrigeren Wasserzementwert erreicht. Zement höherer Festigkeitsklasse entwickelt in jungem Alter mehr Wärme und erhärtet schneller als Zement niedrigerer Festigkeitsklasse. Deshalb sind Zemente 42,5 R bei tiefen Temperaturen und hoher Wärmeableitung der Bauteile besonders geeignet. Bei nicht zu dünnen Bauteilen mit geringer Wärmeableitung können auch Zemente 32,5 R und 42,5 verwendet werden sowie bei massigen Bauteilen und entsprechenden Schutzmaßnahmen Zemente 32,5 (Tafel 18).

Auch Zusatzmittel können die Gefrierbeständigkeit positiv beeinflussen. Betonverflüssiger BV setzt durch die Verminderung der Wasserzugabe bei gleichbleibender Verarbeitbarkeit den Wasserzementwert herab. Ein schnelleres Erhärten kann auch durch Zugabe eines Beschleunigers BE bewirkt werden. Luftporenbildner LP erhöhen zwar den Widerstand gegen Frost- und Tausalzangriffe des Festbetons, verbessern dagegen aber nicht die Gefrierbeständigkeit des jungen Betons.

Nach DIN 1045 werden die in Tafel 19 aufgeführten Mindesttemperaturen des Frischbetons beim Einbau gefordert. Sie gelten für Baustellen- und Transportbeton. Die Frischbetontemperatur darf im allgemeinen +30 °C nicht überschreiten.

Gefrorene Zuschläge dürfen bei der Betonherstellung nicht verwendet werden. Schalung und Bewehrung müssen frei von Schnee und Eis sein. Auf gefrorenem Baugrund darf nicht betoniert werden, ebenfalls nicht an gefrorene Bauteile. Durch Frost geschädigter Beton ist vor dem Weiterbetonieren zu entfernen.

Nach dem Einbau ist ein guter Wärmeschutz des jungen Betons notwendig, um den Wärmeabfluß möglichst gering zu halten und die eigene Wärmeentwicklung zu fördern. Dabei darf dem Beton das für seine Erhärtung notwendige Wasser nicht entzogen werden. Die Maßnahmen sind in Kapitel 6 aufgeführt.

5.6 Betonieren bei heißer Witterung

Steigt bei heißer Witterung die Temperatur des Frischbetons, so steift er rascher an und bedarf deshalb besonderer Aufmerksamkeit. Es ist eine niedrige Frischbetontemperatur anzustreben und nach Möglichkeit ein Zement der Festigkeitsklasse 32,5 zu verwenden. Auch bei heißer Witterung darf die Frischbetontemperatur bei der Übergabe 30 °C nicht überschreiten, sofern nicht durch geeignete Maßnahmen sichergestellt ist, daß keine nachteiligen Folgen zu erwarten sind. Da manche Zusatzmittel ihre Wirkung bei höheren Betontemperaturen ändern, müssen die erforderlichen Eignungsprüfungen - insbesondere bei Erstarrungsverzögerern VZ - bei den zu erwartenden Temperaturen durchgeführt werden. Bei Transportbeton sind lange Misch- und Übergabezeiten zu vermeiden und ggf. Maßnahmen für die Kühlung der Fahrzeuge vorzuhalten (z. B. Berieselungsanlage).

Während des Herstellens, Einbringens und Nachbehandelns von Baustellenbeton B II und Transportbeton B II sind bei Lufttemperaturen über +25 °C die Höchst- und Tiefsttemperaturen jedes Tages - gemessen im Schatten -, bei Lufttemperaturen über 30 °C zusätzlich die Frischbetontemperatur im Bautagebuch einzutragen.

Tafel 20: Anhaltswerte für Ausschalfristen nach DIN 1045

Zement-festigkeitsklasse	Für die seitliche Schalung der Balken und für die Schalung der Wände und Stützen [Tage]	Für die Schalung der Deckenplatten [Tage]	Für die Rüstung (Stützung) der Balken, Rahmen und weitgespannten Platten [Tage]
32,5	3	8	20
32,5 R und 42,5	2	5	10
42,5 R, 52,5 und 52,5 R	1	3	6

5.7 Ausschalen

Kein Bauteil darf ausgerüstet oder ausgeschalt werden, bevor der Beton ausreichend erhärtet ist. Dies ist dann der Fall, wenn die Festigkeit des Bauteils so weit angestiegen ist, daß alle zur Zeit des Ausrüstens oder Ausschalens angreifenden Lasten mit Sicherheit getragen werden können. Im Normalfall - Betontemperatur seit dem Einbringen immer über +5 °C - gelten die Anhaltswerte für die Ausschalfristen der Tafel 20. Tritt während des Erhärtens Frost ein, so sind die Ausschalfristen mindestens um die Frostdauer zu verlängern. Im Zweifelsfall können Erhärtungsprüfungen (Abschnitt 7.3) notwendig sein.

Um insbesondere bei frühzeitigem Ausschalen von Decken und Balken Schäden (große Durchbiegung, Risse, Einsturz) zu vermeiden, müssen Hilfsstützen stehenbleiben oder sofort nach dem Ausschalen gestellt und möglichst spät entfernt werden. Der Abstand der Hilfsstützen sollte 4 m nicht überschreiten.

6 Nachbehandlung

Druckfestigkeit allein garantiert keine Dauerhaftigkeit. Der Beton muß auch dicht sein; denn je geringer die Porosität, je dichter der Zementstein, desto höher ist auch der Widerstand gegen äußere Einflüsse. Deshalb ist eine gründliche und ausreichend lange Nachbehandlung des Betons unerläßlich, damit er gerade in den oberflächennahen Bereichen die aufgrund seiner Zusammensetzung zu erwartenden Eigenschaften auch tatsächlich erreicht.

6.1 Zweck der Nachbehandlung

Unter Nachbehandlung werden alle Maßnahmen verstanden, die den frisch verarbeiteten und jungen Beton bis zur ausreichenden Erhärtung vor schädlichen Einwirkungen abschirmen. Maßnahmen sind erforderlich gegen:

- vorzeitiges Austrocknen
- extreme Temperaturen und schroffe Temperaturänderungen
- mechanische Beanspruchungen
- chemische Angriffe und
- Erschütterungen.

Der noch frische Beton nicht geschalter, freiliegender Oberflächen muß gegen Regen geschützt werden.

Schutz gegen vorzeitiges Austrocknen ist erforderlich, damit u. a. die Festigkeitsentwicklung des Betons nicht infolge Wasserentzugs gestört wird. Die Folgen zu frühen Wasserverlustes sind: geringe Festigkeit der oberflächennahen Bereiche, Neigung zum Absanden, größere Wasserdurchlässigkeit, verminderte Witterungsbeständigkeit, geringere Widerstandsfähigkeit gegen chemische Angriffe, Entstehung von Frühschwindrissen, erhöhte Gefahr späterer Schwindrißbildung.

Eine Vorstellung von der Größenordnung der Wasserverdunstung je m^2 Betonoberfläche bei unterschiedlichen Bedingungen vermittelt Bild 13; Tafel 21 gibt einen Anhalt für das Erkennen der herrschenden Windgeschwindigkeit. Aus dem Bild ist ersichtlich (eingezeichnete Pfeile), daß bei Luft- und Betontemperaturen von 20 °C, relativer Luftfeuchte von 50% und einer mittleren Windgeschwindigkeit von 20 km/h 0,6 Liter Wasser je Stunde aus einem m^2 Betonoberfläche verdunsten können. Bei höheren Betontemperaturen als die der Luft und größer werdenden Temperaturdifferenzen erhöht sich die Wasserverdunstung erheblich. Eine Betontemperatur von 25 °C ergäbe bei sonst gleichen Bedingungen eine noch einmal um die Hälfte größere Verdunstungsrate, nämlich 0,9 Liter je m^2 und Stunde.

Bild 13: Das Austrocknungsverhalten von Beton in Abhängigkeit von Windgeschwindigkeit, Luftfeuchtigkeit und Temperatureinfluß nach [38]

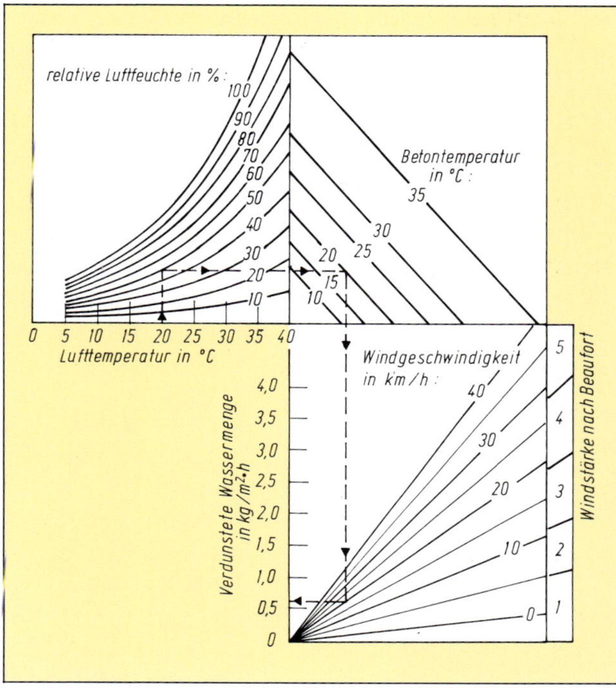

Ein Beispiel verdeutlicht diese Zahlen: ein Frischbeton mit 180 l Wassergehalt je m³ enhält je m² in einer 1 cm dicken Schicht 1,8 Liter Wasser. Die Verdunstungsrate von 0,6 Litern je m² und Stunde bedeutet, daß dem Beton innerhalb 3 Stunden bereits eine Wassermenge entzogen wird, die dem Gesamtwassergehalt einer 1 cm, nach 9 Stunden dem einer 3 cm dicken Betonschicht entspricht. Diese Dicke übertrifft bereits das nach DIN 1045 für Bauteile im Freien geforderte Mindestmaß der Betondeckung. Eine „Nachlieferung" des verdunsteten Wassers aus den tieferliegenden Zonen findet in nur geringem Umfang statt. Die negativen Auswirkungen auf Festigkeit, Verschleißwiderstand und Dichtigkeit der oberflächennahen Bereiche sind erheblich.

Durch *extreme Temperatureinflüsse* verformt sich der Beton; bei Wärme dehnt er sich aus, bei Kälte zieht er sich zusammen. Auch diese Verformungen verursachen ähnlich wie beim Schwinden bei Behinderung Spannungen, die zu Rissen führen können. Es ist deshalb zu verhindern, daß sich im jungen Beton zwischen Betonkern und Betonoberfläche größere Temperaturunterschiede (>15 K)*) ergeben und noch nicht ausreichend erhärteter Beton schroffen Temperaturwechseln ausgesetzt wird.

*) K steht für die Einheit Kelvin; damit wird die Temperaturdifferenz in °C bezeichnet.

Tafel 21: Abschätzen der Windgeschwindigkeit durch Beobachtung des Windes an Land

Windstärke nach Beaufort	Bezeichnung	Wirkung des Windes an Land	Windgeschwindigkeit km/h	m/s
1	leichter Zug	Rauch steigt fast senkrecht empor, „ziehender" Rauch	bis ca. 5	1,3
2	leichte Brise	Wind im Gesicht fühlbar; bewegt zeitweilig Blätter an Bäumen	bis ca. 11	3,0
3	schwache Brise	setzt Blätter von Sträuchern und Bäumen in Bewegung; bewegt Flaggen	bis ca. 19	5,2
4	mäßige Brise	bewegt Zweige; streckt Wimpel	bis ca. 28	7,8
5	frische Brise	bewegt große Zweige; Wind im Gesicht schon unangenehm; streckt große Flaggen	bis ca. 38	10,5
6	starker Wind	wird an größeren u. freistehenden Masten hörbar; bewegt große Äste	bis ca. 49	13,6

Mechanische Beanspruchungen wie heftige Schwingungen und starke Erschütterungen während des Erstarrens und in der ersten Zeit des Erhärtens können den Beton schädigen, wenn hierdurch sein Gefüge gelockert wird. Auch Regenwasser und strömendes Wasser verursachen häufig bleibende Schäden am frischen oder jungen Beton. Beschädigungen durch nachfolgende Arbeiten auf nichteingeschalten Betonflächen sind durch Kantenschutz und Schutzabdeckungen zu verhindern, auf eingeschalten Betonflächen durch späteres Ausschalen.

Chemische Angriffe durch Stoffe in Grundwasser, Boden oder Luft können bei zu früher Einwirkung selbst entsprechend zusammengesetzten und verarbeiteten Beton schädigen oder sogar für den vorgesehenen Verwendungszweck unbrauchbar machen. Deshalb sind diese Stoffe möglichst lange vom jungen Beton fernzuhalten, z. B. durch eine Wasserhaltung oder Abdeckung.

6.2 Arten der Nachbehandlung

Schutzmaßnahmen gegen vorzeitiges Austrocknen sind:

- Belassen in der Schalung
- Abdecken mit Folien
- Aufbringen wasserhaltender Abdeckungen
- Aufbringen flüssiger Nachbehandlungsmittel
- kontinuierliches Besprühen mit Wasser, Unterwasserlagerung und
- eine Kombination dieser Verfahren.

Bei *Belassen in der Schalung* ist saugende Holzschalung feucht zu halten und Stahlschalung gegen Aufheizung (Sonneneinstrahlung) bzw. bei niedrigen Temperaturen vor zu schnellem und starkem Abkühlen zu schützen.

Sorgfältiges Abdecken mit dichten *Kunststoff-Folien* ist die gebräuchlichste Maßnahme bei freien Oberflächen und nach dem Ausschalen von Bauteilen. Die Folien müssen auf den noch feuchten Beton überlappend aufgelegt und an ihren Stößen befestigt werden (z. B. durch Beschweren mit Brettern oder Steinen), damit kein Wasser aus dem Beton verdunsten kann.

Die Verwendung von Kunststoff-Folien ist besonders für Sichtbeton zu empfehlen, da hierdurch unerwünschte Ausblühungen weitgehend vermieden werden. Die Folie darf allerdings nicht direkt anliegen, damit nicht durch Kondenswasser Ausblühungen entstehen. Eine Kaminwirkung ist jedoch zu vermeiden.

Beim Umschließen von Betonoberflächen mit *wasserhaltenden Materialien* wie Jutegewebe, Strohmatten o. ä. ist die Abdeckung ständig feucht zu halten oder ggf. zusätzlich durch eine Folie vor schneller Feuchtigkeitsabgabe zu schützen.

Nachbehandlungsfilme können auf die Betonoberflächen mit einfachen Geräten (z. B. Obstbaumspritzen) aufgesprüht werden. Das Aufbringen muß vollflächig und so früh wie möglich erfolgen: bei freiliegenden Betonflächen sofort, wenn die zunächst glänzende Oberfläche des Frischbetons matt wird, bei geschalten Flächen sofort nach dem Ausschalen. Wichtig ist, daß stets ein geschlossener Film entsteht und die in der Verarbeitungsanweisung geforderte Menge in g/m^2 aufgebracht wird. Bei senkrechten Flächen kann ein mehrfacher Auftrag erforderlich sein. Den Mitteln ist meist ein heller Farbstoff beigemischt, so daß leicht zu erkennen ist, ob und wie gleichmäßig eine Fläche besprüht wurde. Bei hohen Temperaturen, starker Sonneneinstrahlung, starker Windeinwirkung oder extrem niedrigen Temperaturen sind zusätzliche Maßnahmen erforderlich. Nachbehandlungsfilme können bei späteren Anstrichen, Beschichtungen und Belägen die Haftung auf dem Beton vermindern. Es stehen heute auch Kombinationsprodukte zur Verfügung, die auf der Basis von PVC-Mischpolymerisaten, Epoxidharzlösungen mit feuchtigkeitsunempfindlichen Lösungsmitteln u. ä. gleichzeitig die Nachbehandlung und einen evtl. erforderlichen Betonschutz bei chemischem Angriff bzw. die farbliche Gestaltung ermöglichen. Sie können unmittelbar nach dem Ausschalen bzw. auf die eben abgetrocknete Betonfläche (in Gleitschalung hergestellte Flächen, abgezogene horizontale Flächen) aufgebracht werden.

Gegen vorzeitiges Austrocknen ist auch ständiges *Feuchthalten durch Benetzen der Betonoberflächen* möglich. Wechselweises Anfeuchten und Austrocknen kann zu Spannungen und damit zu Rissen im jungen Beton führen. Ein direktes Anspritzen des Betons mit Wasserstrahl ist zu vermeiden, da infolge Abkühlung der Betonoberfläche durch Wassertemperatur und Verdunstungskälte, insbesondere bei massigen Bauteilen, Risse entstehen können. Als Hilfsmittel sind Düsen oder perforierte Schläuche, wie sie zum Rasensprengen benutzt werden, geeignet. Zur Nachbehandlung können horizontale Flächen soweit möglich auch unter Wasser gesetzt werden.

Tafel 22: Nachbehandlungsmaßnahmen für Beton

Art	Maßnahmen	Außentemperatur in °C				
		unter -3°	-3° bis +5°	5° bis 10°	10° bis 25°	über 25°
Folie/Nachbehandlungsfilm	Abdecken bzw. Nachbehandlungsfilm aufsprühen *und* benetzen Holzschalung nässen; Stahlschalung vor Sonnenstrahlung schützen					×
	Abdecken bzw. Nachbehandlungsfilm aufsprühen			×	×	
	Abdecken bzw. Nachbehandlungsfilm aufsprühen *und* Wärmedämmung; Verwendung wärmedämmender Schalung - z. B. Holz - sinnvoll		×*)			
	Abdecken *und* Wärmedämmung; Umschließen des Arbeitsplatzes (Zelt) oder Beheizen (z. B. Heizstrahler); zusätzlich Betontemperaturen wenigstens 3 Tage lang auf +10 °C halten	×*)				
Wasser	Durch Benetzen ohne Unterbrechung feuchthalten				×	

*) Nachbehandlungs- und Ausschalfristen um Anzahl der Frosttage verlängern; Beton mindestens 7 Tage vor Niederschlägen schützen

Bei niedrigen Temperaturen reicht die Verhinderung des Wasserverlustes an der Betonoberfläche allein nicht aus. Es sind zusätzliche Schutzmaßnahmen gegen Auskühlung durch *Wärmedämmung* rechtzeitig vorzubereiten. Sie richten sich insbesondere nach den Witterungsbedingungen, der Art und den Abmessungen der Bauteile und der Schalung.

Die Nachbehandlung mit Wasser ist bei Frost nicht erlaubt. Während kurzer Frostperioden bieten sich wärmedämmende Abdeckungen, wie Bretterschalung, trockene Stroh- und Schilfmatten, Leichtbauplatten und Kunststoffmatten an. Die Abdeckung wird zweckmäßig beidseitig mit Folien vor Durchfeuchtung geschützt. Folienkaschierte Kunststoffmatten sind am besten geeignet und einfach zu handhaben. Bei strengem Frost und während längerer Frostperioden muß die den Frischbeton umgebende Luft erwärmt werden und dabei die Betonoberfläche feucht bleiben. Auf gute Abdichtung (z. B. durch Schließen von Fenster- und Türöffnungen, durch geschlossene Arbeitszelte) ist hierbei zu achten.

Die vorgenannten Arten der Nachbehandlung sind in Abhängigkeit von der Außentemperatur in Tafel 22 zusammengefaßt.

6.3 Dauer der Nachbehandlung

Die Dauer der Nachbehandlung hängt wesentlich von der Festigkeitsentwicklung des Betons ab, d. h. von Betonzusammensetzung, Frischbetontemperatur, Umgebungsbedingungen und Bauteilabmessungen. Tafel 23 gibt einen Anhalt über die Entwicklung der Betondruckfestigkeit in Abhängigkeit von Zement und Lagerungstemperatur.

Die Mindestnachbehandlungsdauer für Außen- und Innenbauteile nach der „Richtlinie zur Nachbehandlung von Beton“ ist in Tafel 24 zusammengefaßt.

Tafel 23: Anhaltswerte für die Betondruckfestigkeit in Abhängigkeit von Zement und Lagerungstemperatur

Zementfestigkeitsklasse	ständige Lagerung bei	20 °C- und 5 °C-Festigkeit in % der 28-Tage-Druckfestigkeit bei einer ständigen 20 °C-Lagerung nach		
		3 Tagen	7 Tagen	28 Tagen
52,5; 52,5 R; 42,5 R	+20 °C + 5 °C	70...80 40...60	80...90 60...80	100 90...105
42,5; 32,5 R	+20 °C + 5 °C	50...60 20...40	65...80 40...60	100 75...90
32,5	+20 °C + 5 °C	30...40 10...20	50...65 20...40	100 60...75

Tafel 24: Mindestdauer für die Nachbehandlung in Tagen

Außenbauteile				
Umgebungsbedingungen	Betontemperatur, ggf. mittlere Lufttemperatur	Festigkeitsentwicklung des Betons schnell, z. B. w/z < 0,50 Zement 52,5 R; 52,5; 42,5 R	mittel, z. B. w/z 0,50 bis 0,60 Zement 52,5; 52,5 R; 42,5; 42,5 R; 32,5 R oder w/z < 0,50 Zement 32,5	langsam, z. B. w/z 0,50 bis 0,60 Zement 32,5 oder w/z < 0,50 Zement 32,5 - NW/HS
günstig vor unmittelbarer Sonneneinstrahlung und vor Windeinwirkung geschützt, relat. Luftfeuchte durchgehend ≥80%	≥10 °C	1	2	2
	<10 °C	2	4	4
normal mittlere Sonneneinstrahlung und/oder mittlere Windeinwirkung und/oder relat. Luftfeuchte ≥50%	≥10 °C	1	3	4
	<10 °C	2	6	8
ungünstig starke Sonneneinstrahlung und/oder starke Windeinwirkung und/oder relat. Luftfeuchte <50%	≥10 °C	2	4	5
	<10 °C	4	8	10
Innenbauteile				
		allgemein	Rohdecken für Verbundestriche	
unabhängig	≥10 °C	1	2	
	<10 °C	2	4	

Tafel 25: Nachbehandeln von Beton

	Nachbehandeln von Beton Arbeitsanweisung/Ausführungskontrolle	Blatt Nr. . . .
Niederlassung/Werk[1] Baustelle[1]	Bauwerk Bauteil Bauleiter[1] Bauführer[1]	

Anweisung	Kontrolle
☐[2] Nachbehandlungsdauer: .... Tage (Richtlinie Nachbehandlung beachten) Lufttemperatur: .... °C, Frischbetontemperatur: .... °C	☐[2]

über 25°	10°/ 25°	5°/ 10°	5°/ −3°	unter −3°	Lufttemperatur °C / Art der Nachbehandlung	Kontrolle
	☐				Benetzen (ohne Unterbrechung feuchthalten)	☐
	☐	☐			Abdecken	☐
	☐	☐			Nachbehandlungsfilm aufsprühen	☐
☐					Abdecken bzw. Nachbehandlungsfilm aufsprühen *und* benetzen	☐
			☐		Abdecken bzw. Nachbehandlungsfilm aufsprühen *und* Wärmedämmung	☐
				☐	Abdecken *und* Wärmedämmung Beheizen[1] / Arbeitsplatz umschließen[1]	☐

über 25°	unter 5°	unter 0°	unter −3°		Lufttemperatur °C / zusätzliche Maßnahmen	Kontrolle
☐					Stahlschalung vor Sonneneinstrahlung schützen[1] / Holzschalung nässen[1]	☐
	☐				Beton mindestens 7 Tage lang vor Niederschlägen schützen	☐
		☐			Ausschalfristen um Frost-Tage verlängern	☐
			☐		Betontemperatur wenigstens 3 Tage lang auf 10 °C halten	☐

☐ Schutzmaßnahmen gegen Regenwasser[1] .... vorhalten	☐
☐ Benetzen: Rasensprenger[1] / perforierter Schlauch[1] /	☐
☐ Abdeckmaterial: Kunststoff-Folie[1] / Wärmedämmplatten[1] / Dämmatten[1]	☐
☐ Zwischenraum zwischen Folie und abgedeckter Fläche .... cm Zugluft im Zwischenraum (Windkanal) durch Abdichten vermeiden	☐
☐ Kontrollieren, ob die Nachbehandlungsmittel den technischen Lieferbedingungen entsprechen (Typenmerkblatt)	☐
☐ Aufsprühen auf mattfeuchte Fläche[1] / direkt nach dem Ausschalen[1]	☐
☐ Kontrollieren, ob überall ein geschlossener Film entstanden ist	☐
☐ Bei zusätzlichen Fragen bitte Rücksprache mit	☐

[1] Nichtzutreffendes streichen
[2] Zutreffendes ankreuzen

....
(Ort) (Tag) (Unterschrift)

Die in der Tafel angegebenen Nachbehandlungszeiten sind zu verlängern

- bei verzögertem Beton um die Verzögerungszeit
- bei Temperaturen der Betonoberfläche unter 0 °C um die Frostdauer
- bei Beton mit Flugasche unter gleichzeitiger Abminderung des Mindestzementgehalts um 2 Tage (siehe Tafel 8)
- bei allen Bauteilen, an die besondere Anforderungen gestellt werden, wie z. B. hoher Widerstand gegen Frost- und Tausalzeinwirkung, gegen chemischen Angriff, gegen Verschleiß oder gegen das Eindringen von Flüssigkeiten und Gasen.

Die Richtlinie schreibt vor, daß die angegebene Nachbehandlungsdauer nur dann unterschritten werden darf, wenn die Festigkeit der Betonoberfläche des Bauteils mindestens 50% der Nennfestigkeit des Betons erreicht hat. Dies ist nachzuweisen!

Bei Beton B II muß auf der Baustelle eine schriftliche Arbeitsanweisung vorliegen, die die Nachbehandlungsmaßnahmen enthält.

Das Beispiel einer Arbeitsanweisung/Ausführungskontrolle für die Nachbehandlung von Beton zeigt Tafel 25.

7 Qualitätssicherung

Bei der Herstellung und Verarbeitung von Beton sind fortlaufend Prüfungen durchzuführen. Diese erstrecken sich auf die Ausgangsstoffe, den Frisch- und Festbeton und den Betonstahl. Hersteller und Verarbeiter von Beton müssen daher mit entsprechenden Prüfgeräten ausgerüstet sein und über geschultes Personal verfügen. Falls erforderlich, wird hierzu eine Betonprüfstelle eingeschaltet.

Je nach Zweck wird unterschieden in Eignungs-, Güte- und Erhärtungsprüfung. Die zu prüfenden Eigenschaften, die gestellten Anforderungen und der Umfang der Prüfungen sind in DIN 1045 und in DIN 1084 festgelegt. Die Durchführung der Prüfungen für Frisch- und Festbeton sowie die Herstellung und Lagerung der Probekörper beschreibt DIN 1048.

7.1 Eignungsprüfung

Vor Verwendung des Betons wird durch eine Eignungsprüfung festgestellt, ob mit der vorgesehenen Betonzusammensetzung die geforderten Eigenschaften des Frisch- und Festbetons sicher erreicht werden. Dabei sind die zu erwartenden Verhältnisse auf der Baustelle zu berücksichtigen, z. B. Einbauverfahren, Temperatur. Geprüft werden immer Konsistenz, Frischbeton-Rohdichte und Druckfestigkeit, außerdem der w/z-Wert bei Beton B II. Die Prüfungen sollen mit einer Frischbetontemperatur zwischen 15 und 22 °C durchgeführt werden. Zur Kontrolle des Ansteifens ist die Konsistenz 10 und 45 Minuten nach Wasserzugabe zu bestimmen. Sind bei der Bauausführung stark abweichende Temperaturen oder Zeiten zwischen Herstellung und Einbau, die 45 Minuten wesentlich überschreiten, zu erwarten, so muß zusätzlich Aufschluß über deren Einflüsse auf die Konsistenz und Konsistenzveränderungen gewonnen werden. Bei Beton B I muß das Vorhaltemaß der Konsistenz bei der Eignungsprüfung so gewählt werden, daß sie zum Zeitpunkt des voraussichtlichen Einbaus an der oberen Grenze des gewählten Konsistenzbereiches liegt. Weitere Nachweise sind bei Beton mit besonderen Eigenschaften erforderlich, z. B. Wassereindringtiefe, Luftgehalt. Für Verwender von Transportbeton entfällt die Eignungsprüfung, da diese in der Prüfstelle des Transportbetonwerkes durchgeführt wird.

7.2 Güteprüfung

Während der Bauausführung muß eine Güteprüfung den Nachweis erbringen, daß die Betonzusammensetzung den Anforderungen entspricht und die geforderten Eigenschaften laufend erreicht werden. Die Güteprüfung bezieht sich dabei auf die Eigenschaften des Frisch- und Festbetons.

Die Ausgangsstoffe des Betons - Zement, Zuschlag, Zusätze - sind güteüberwacht, d. h. sie unterliegen einer Eigen- und Fremdüberwachung. Bei Zement genügt daher die Kontrolle des Lieferscheins und des Verpackungsaufdrucks bzw. des Silozettels, bei der die Kennzeichnung (Zementart, Festigkeitsklasse und Nachweis der Überwachung) mit den Angaben in den bautechnischen Unterlagen übereinstimmen muß. Bei Zuschlag sind neben der Kontrolle des Lieferscheins auf Bezeichnung und Nachweis der Güteüberwachung die Überprüfung nach Augenschein auf Art, Beschaffenheit und schädliche Bestandteile sowie Siebversuche bei der ersten Lieferung und bei jedem Wechsel des Herstellwerkes erforderlich. Bezeichnung, Prüfzeichen und Nachweis der Güteüberwachung müssen bei der Kontrolle des Lieferscheins und Verpackungsaufdruckes von Betonzusätzen - Zusatzmittel, Zusatzstoffe - vorhanden sein (Überwachungszeichen s. Bild 14). Eine Kontrolle der Ausgangsstoffe für den Beton ist bei Bezug von Transportbeton nicht erforderlich, da diese in der Prüfstelle des Transportbetonwerkes durchgeführt wird.

Umfang der Güteprüfung

Den Umfang der Güteprüfung für Beton enthält Tafel 26. Zementgehalt und der bei Beton B II täglich zu prüfende w/z-Wert dürfen bei Transportbeton dem Lieferschein oder dem Betonsortenverzeichnis entnommen werden.

Tafel 26: Umfang der Güteprüfung

	Betongruppe		Häufigkeit	
Zementgehalt	B I	je Betonsorte	beim ersten Einbringen, dann in angemessenen Zeitabständen	
Wasserzementwert	B I[1] B II	je Betonsorte	beim ersten Einbringen, dann einmal je Betoniertag	
Konsistenz	B I B II	je Betonsorte	beim ersten Einbringen, beim Herstellen der Probekörper	
	B II		zusätzlich in angemessenen Zeitabständen	
Druckfestigkeit	B I	tragende Wände und Stützen aus B 5, B 10	3 Würfel	je 500 m³ Beton oder je Geschoß oder je 7 Betoniertage[2]
		B 15, B 25		
	B II	B 35, B 45, B 55	6 Würfel[3]	

[1] Nur bei Beton für Außenbauteile; gilt als erfüllt bei $\beta_{WN} \geq 32$ N/mm².

[2] Die Forderung, die die größte Anzahl von Würfeln ergibt, ist maßgebend.

[3] Die Hälfte der geforderten Würfelprüfungen kann durch zusätzliche w/z-Wert-Bestimmungen ersetzt werden. Zwei w/z-Werte ersetzen einen Würfel.

Die Betonproben sind für jeden Probekörper und für jede Prüfung der Konsistenz und des w/z-Wertes aus verschiedenen Mischerfüllungen – bei Transportbeton möglichst aus verschiedenen Lieferungen – etwa gleichmäßig über die Betonierzeit verteilt zu entnehmen. Sind besondere Eigenschaften nachzuweisen, so ist der Umfang der Güteprüfung im Einzelfall festzulegen. Die Wassereindringtiefe wird an mindestens drei Prüfkörpern nachgewiesen. Bei Beton mit hohem Frost- und Tausalzwiderstand ist es zweckmäßig, den Luftporengehalt an der Einbaustelle mindestens alle zwei Stunden zu prüfen. Wird Transportbeton eingesetzt und ist mit einem besonders starken Frost-Tausalzangriff zu rechnen (z. B. Brückenkappen), sollte der Luftporengehalt bei jeder Lieferung bestimmt werden.

Die Verwendung von Transportbeton entbindet die Baustelle nicht von der Herstellung von Probekörpern. Ausnahme:

- Wird der Beton für die im Rahmen der Eigenüberwachung eines Transportbetonwerkes durchzuführenden Festigkeitsprüfungen auf der betreffenden Baustelle entnommen, so können die Ergebnisse auf die vom Bauunternehmen vorzunehmenden Festigkeitsprüfungen von Beton B I und B II angerechnet werden.
- Werden weniger als 100 m³ Transportbeton B I je Betoniervorgang eingebracht, so können auf einer anderen Baustelle hergestellte Probekörper angerechnet werden, wenn Beton desselben Werkes, derselben Zusammensetzung und in derselben Woche verwendet wurde. Die Nennfestigkeit dieser Betonsorte ist dann vom Transportbetonwerk statistisch nachzuweisen.

Prüfverfahren und Probekörper

Prüfverfahren sowie die Herstellung und Lagerung der Probekörper sind in DIN 1048 beschrieben. Es empfiehlt sich, gleichzeitig mit der Herstellung der Probekörper die Frischbetonrohdichte zu ermitteln.

Kurze Hinweise für die Durchführung von Konsistenzmessungen, Bestimmung der Frischbetonrohdichte und Herstellung der Probekörper enthalten die Tafeln 27 bis 30.

Die Lagerung der Probekörper für die Eignungs- und Güteprüfung erfolgt vor Zugluft geschützt in einem geschlossenen Raum mit einer Lufttemperatur zwischen +15 °C und +22 °C. Sie sind zunächst in ihren Formen abzustellen und durch Abdecken vor Feuchtigkeitsverlust und vor Erschütterungen zu schützen. Nach genügender Erhärtung, in der Regel 24 Stunden nach der Herstellung, werden die Probekörper vorsichtig entformt, wobei sie zunächst noch weitere 24 Stunden abgedeckt auf der Bodenplatte bleiben, falls dies zum Vermeiden von Beschädigungen notwendig ist. Nach dem Entformen werden die Probekörper bis zum 7. Tag auf einem Lattenrost unter Wasser oder in ständig naß zu haltendem Sand oder Sägemehl gelagert, anschließend bis zur Prüfung oder zum Versand trocken bei vorgenannter Temperatur. Das Einhalten der

Tafel 27: Ausbreitmaß

- ☐ Ausbreittisch auf festen, waagerechten Untergrund stellen
- ☐ Tischplatte und Innenfläche der Kegelstumpfform feucht abwischen (mattfeuchte Oberfläche)
- ☐ Form mittig auf Tischplatte stellen und an den Halteblechen gegen Verschieben sichern
- ☐ Beton lose in die Form einfüllen, dazu den Beton mit der Handschaufel reihum bis zur halben Höhe gleichmäßig verteilt in die Kegelstumpfform rutschen lassen
- ☐ Beton mit Holzstab ohne Verdichtungswirkung horizontal ebnen
- ☐ Kegelstumpfform auf gleiche Weise mit Überstand füllen
- ☐ Überstand ohne Verdichtungswirkung bündig abstreichen
- ☐ Freie Fläche der Tischplatte reinigen und feucht nachwischen; dabei Form mittig fest auf Ausbreittisch drücken
- ☐ Form lotrecht hochziehen und beiseite stellen
- ☐ Während der Laborant auf den Trittblechen des Aufstellrahmens steht, Tischplatte am Handgriff innerhalb von 15 Sekunden 15mal ruckfrei bis zum Anschlag anheben und frei fallen lassen
- ☐ Versuch muß geschlossenen Betonkuchen ergeben ohne starke Absonderungen von Wasser oder Grobkorn
- ☐ Durchmesser des Betonkuchens parallel zu den Tischkanten auf 5 mm genau messen; Ausbreitmaß (a) als Mittel beider gemessenen Durchmesser auf 10 mm gerundet angeben

Tafel 28: Verdichtungsversuch

- ☐ Behälter feucht auswischen oder leicht einölen
- ☐ Gut durchgemischten Beton mit Maurerkelle reihum von den einzelnen Behälterkanten aus über eine Längskante der Kelle in den Behälter kippen, bis dieser gehäuft gefüllt ist
- ☐ Überstehenden Beton mit Stahllineal ohne Verdichtungswirkung bündig abstreichen
- ☐ Beton im Behälter so lange verdichten - am besten auf einem Rütteltisch - bis sein Volumen nicht mehr abnimmt
- ☐ Gegebenenfalls gewölbte Betonfläche durch leichtes Stampfen ebnen
- ☐ Jeweils in der Mitte der Seitenflächen des Behälters Abstand vom oberen Behälterrand bis zur Betonoberfläche messen und das mittlere Maß (s) in mm ermitteln
- ☐ Verdichtungsmaß errechnen:

$$v = \frac{400}{h} = \frac{400}{400 - s} \quad [-]$$

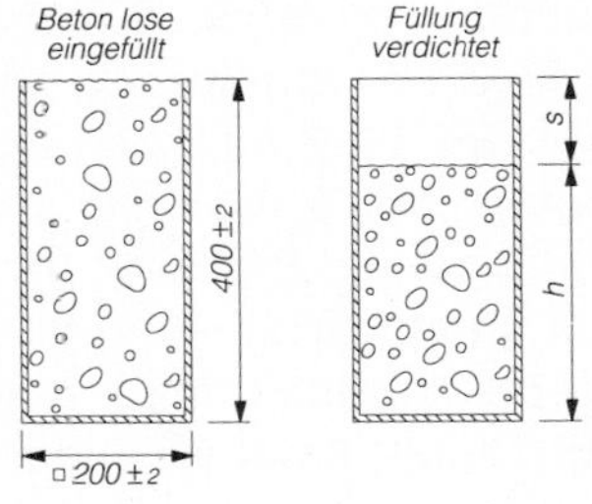

Tafel 29: Frischbetonrohdichte

☐ Maße der Würfelform auf 1 mm gerundet ermitteln und Rauminhalt (V) errechnen oder kalibriertes Luftgehalt-Prüfgerät (LP-Topf) verwenden
☐ LP-Topf bzw. Würfelform in kg auf 20 g genau wiegen und kennzeichnen
☐ Ggf. Aufsatzrahmen aufsetzen und Beton einfüllen, so daß er nach dem Verdichten noch 20 bis 30 mm über der Form übersteht
☐ Beton möglichst in gleicher Weise wie im Bauteil vollständig verdichten, Beton mit luftporenbildendem Zusatzmittel nicht mit Innenrüttler
☐ Aufsatzrahmen entfernen und Beton bündig abstreichen
☐ gefüllter LP-Topf bzw. gefüllte Würfelform in kg auf 20 g genau wiegen
☐ Betonmasse $m_{b,h}$ in kg errechnen
☐ Volumen V in m^3 einsetzen
☐ Frischbetonrohdichte $\varrho_{Rb,h}$ auf 10 kg/m^3 gerundet angeben: $\varrho_{Rb,h} = m_{b,h}/V$ $[kg/m^3]$

Lagerungsbedingungen wird durch Verwendung einer Klimakiste mit selbständiger Temperaturregelung erleichtert. Grundlage für den Nachweis der Druckfestigkeit ist der 20-cm-Würfel geprüft nach 28 Tagen Normlagerung. Wird an anderen Probekörperformen (z. B. 15-cm-Würfel, Zylinder) oder zu einem anderen Zeitpunkt (z. B. nach 7, 56 oder 90 Tagen) geprüft, müssen die Ergebnisse immer auf die für die Einteilung in Festigkeitsklassen maßgebenden Größen (20-cm-Würfel, 28-Tage-Wert) umgerechnet werden (Tafel 31).

In Sonderfällen, z. B. wenn keine Ergebnisse von Druckfestigkeitsprüfungen vorliegen, erhebliche Zweifel an der Betonfestigkeit im Bauwerk bestehen oder um die Gleichmäßigkeit der Produktion zu überwachen, kann durch zerstörungsfreie Prüfung mit dem Rückprallhammer am fertigen Bauteil die Druckfestigkeit des Betons abgeschätzt werden. Weitere Einzelheiten hierzu enthält DIN 1048, Teil 2.

7.3 Erhärtungsprüfung

Während der Erhärtungszeit soll diese Prüfung einen Anhalt über die Festigkeit des Betons im Bauwerk zu einem bestimmten Zeitpunkt geben. Dies ist z. B. wichtig für Ausschalfristen oder Vorspanntermine bei Spannbeton. Die Prüfung kann am Bauwerk zerstörungsfrei oder an gesondert hergestellten Probekörpern erfolgen. Sie sind aber im Gegensatz zur Eignungs- und Güteprüfung nicht unter genormten Bedingungen, sondern unmittelbar neben oder auf dem Bauteil zu lagern und wie dieses nachzubehandeln. Es sind mindestens 3 Probekörper herzustellen, eine größere Anzahl ist jedoch empfehlenswert, damit die Erhärtungsprüfung bei ungenügendem Ergebnis zu einem späteren Zeitpunkt wiederholt werden kann.

Tafel 30: Herstellen, Kennzeichnen, Nachbehandeln und Lagern von Probekörpern

- ☐ Mit der Verarbeitung der Frischbetonproben ist so früh wie möglich zu beginnen, sie soll (Ausnahme: Verzögerter Beton) spätestens 90 Minuten nach Wasserzugabe beendet sein
- ☐ Vor Einbringen des Betons Innenflächen der Formen leicht fetten, ölen oder mit Entschalungsmittel behandeln und Aufsatzrahmen aufsetzen
- ☐ So viel Beton einfüllen, daß nach dem Verdichten noch etwa 20 bis 30 mm Beton über die Form übersteht
- ☐ Beton möglichst mit gleichem Verdichtungsgrad wie Beton des Bauteils verdichten. Bei Verdichten mit Innenrüttler diesen in der Mitte der Probekörper senkrecht eintauchen, bei 300-mm-Würfel zusätzlich in den vier Ecken, bei Balken mit 700 mm Länge an mindestens 4 Stellen in der Mittelachse der Form schräg einsetzen, bei längeren Balken an weiteren Stellen Innenrüttler jeweils bis etwa 20 mm über den Boden einführen und so lange in dieser Stellung belassen, bis das Austreten größerer Luftblasen deutlich nachläßt

  Innenrüttler so langsam aus dem Beton herausziehen, daß sich der von der Rüttelflasche erzeugte Hohlraum schließt

  Beton mit Luftporenbildner nur dann mit Innenrüttler verdichten, wenn auch der Bauwerksbeton mit Innenrüttler verdichtet wird

  Beton steifer Konsistenz (KS) hilfsweise durch Stampfen, Beton fließfähiger Konsistenz (KF) durch Stochern verdichten. Probekörper für die Wasserundurchlässigkeitsprüfung stets durch Rütteln verdichten

  Leichtbeton zweckmäßig auf Rütteltisch ggf. mit Auflast verdichten. Leichtbeton mit geschlossenem Gefüge nur durch Rütteln oder Stochern, Leichtbeton mit offenem Gefüge nur durch Stochern und nur so weit verdichten, daß keine größere Rohdichte als im Bauwerk entsteht. Bei Leichtbeton mit Natursand darauf achten, daß sich der Beton nicht entmischt
- ☐ Aufsatzrahmen abnehmen; überstehenden Beton abstreichen und Betonfläche mit dem Stahllineal bündig mit den Formrändern ebnen und glatt abziehen
- ☐ Probekörper deutlich und dauerhaft u. a. mit Herstelldatum kennzeichnen
- ☐ Sofern die Frischbetonrohdichte ermittelt werden soll, Form mit Beton in kg auf 20 g genau wiegen und Frischbeton-Rohdichte nach Tafel 29 errechnen
- ☐ Probekörper während des Erstarrens vor Erschütterungen bewahren
- ☐ Nach genügender Erhärtung (i. d. R. nicht vor 16 Stunden) Probekörper vorsichtig entformen
- ☐ Bei Probekörpern für die Wasserundurchlässigkeitsprüfung die dem Wasser auszusetzende kreisrunde Fläche (Durchmesser 100 mm oder 150 mm) sofort nach dem Entformen mit einer Drahtbürste aufrauhen; die Fläche muß senkrecht zur Einfüllrichtung des Betons liegen
- ☐ Lagerung

  Eignungs- und Güteprüfung

  Form vor Zugluft geschützt in geschlossenem Raum zwischen +15 °C und +22 °C, möglichst jedoch im Temperaturbereich (20 ± 2) °C, aufbewahren

  Nach dem Entformen bei vorgenannter Temperatur unter Wasser oder in Feuchtekammer auf einem Lattenrost lagern

  Bei Probekörpern aus Leichtbeton Feuchteaufnahme während der Feuchtlagerung verhindern, z. B. durch Lagerung im Plastikbeutel und *nicht* unter Wasser

  Für die Prüfung auf Spaltzugfestigkeit, Biegezugfestigkeit und Wasserundurchlässigkeit Probekörper bis zur Prüfung unter Wasser lagern. Probekörper für die Spaltzugfestigkeit und Biegezugfestigkeit spätenstens 1 Stunde nach der Entnahme aus dem Wasser prüfen; bis dahin mit feuchten Tüchern abdecken

  Für die Druckfestigkeitsprüfung ist die Feuchtlagerung 7 Tage nach Herstellung zu beenden. Probekörper anschließend bis zur Prüfung trocken und vor Zugluft geschützt bei der vorgenannten Temperatur auf Lattenrost lagern.

  Erhärtungsprüfung

  Probekörper zunächst in der Form und dann entformt bis zum Prüftag so lagern und nachbehandeln, daß Wärme- und Feuchteaustausch möglichst dem des Bauwerkbetons entspricht.

  Bei Probekörpern, die transportiert werden, sind die vorgeschriebenen Lagerungsbedingungen einzuhalten.

Tafel 31: Umrechnungswerte für Normalbeton nach DIN 1045*) in Abhängigkeit von der verwendeten Zementfestigkeitsklasse

15-cm-Würfel	$\beta_W = 0{,}95 \cdot \beta_{W150}$	
Zylinder $\varnothing = 15$ cm, h = 30 cm	bei $\leq$ B 15: $\beta_w = 1{,}25 \cdot \beta_c$	bei $\geq$ B 25: $\beta_w = 1{,}18 \cdot \beta_c$
32,5: $\beta_{W28} = 1{,}3 \cdot \beta_{W7}$	32,5 R und 42,5: 42,5 R; 52,5 und 52,5 R:	$\beta_{W28} = 1{,}2 \cdot \beta_{W7}$ $\beta_{W28} = 1{,}1 \cdot \beta_{W7}$

*) Andere Umrechnungswerte können durch Eignungsprüfung ermittelt werden.

Bei der Beurteilung der gewonnenen Prüfwerte ist zu berücksichtigen, daß Bauteile, deren Abmessungen von denen der Probekörper wesentlich abweichen, einen anderen Erhärtungsgrad aufweisen können als die Probekörper.

7.4 Güteüberwachung

Die Güteüberwachung besteht bei Baustellenbeton B I aus der Eigenüberwachung (Eignungs- und Güteprüfung) und bei Baustellenbeton B II, werkmäßig hergestellten Beton- und Stahlbetonfertigteilen sowie Transportbeton aus der Eigen- und Fremdüberwachung. Bei Herstellung von Bauteilen aus Ortbeton und nicht werkmäßig hergestellten Fertigteilen aus Beton B I wird die Eigenüberwachung durch das Baustellenpersonal durchgeführt. Verantwortlich ist der Bauleiter bzw. der Werksleiter.

Bei der Herstellung von Bauteilen aus Beton B II auf Baustellen, werkmäßig hergestellten Fertigteilen und Transportbeton erfolgt die Eigenüberwachung durch das Fachpersonal der Baustelle bzw. des Werkes in Verbindung mit einer ständigen Betonprüfstelle für die Eigenüberwachung (Prüfstelle E). Verfügt das Unternehmen nicht über eine eigene Prüfstelle, sind die Aufgaben durch Verträge mit längerer Laufzeit auf eine fremde Prüfstelle zu übertragen. Bei Verwendung von Transportbeton sollte die Prüfstelle E des Transportbetonwerkes nicht gleichzeitig die Eigenüberwachung der Baustelle übernehmen.

Aufgabe der Prüfstelle ist die Durchführung der Eignungs-, Güte- und Erhärtungsprüfung, ggf. in Verbindung mit dem Baustellen- bzw. Werkpersonal, die Überprüfung der Geräteausstattung der Baustellen für Beton B II bzw. der Werke, die Beratung der Baustellen bzw. der Werke und die Beurteilung und Auswertung der Prüfungen.

Die Fremdüberwachung von Beton B II auf Baustellen, werkmäßig hergestellten Fertigteilen und Transportbeton wird durch eine Überwachungsgemeinschaft bzw. Güteschutzgemeinschaft oder eine dafür zugelassene Betonprüfstelle (Prüfstelle F) durchgeführt. Zu den Aufgaben der Fremdüberwachung gehören die Nachprüfung der Ergebnisse der Eigenüberwachung und Überprüfung der Baustelle bzw. des Werkes (Überwachungszeichen s. Bild 14).

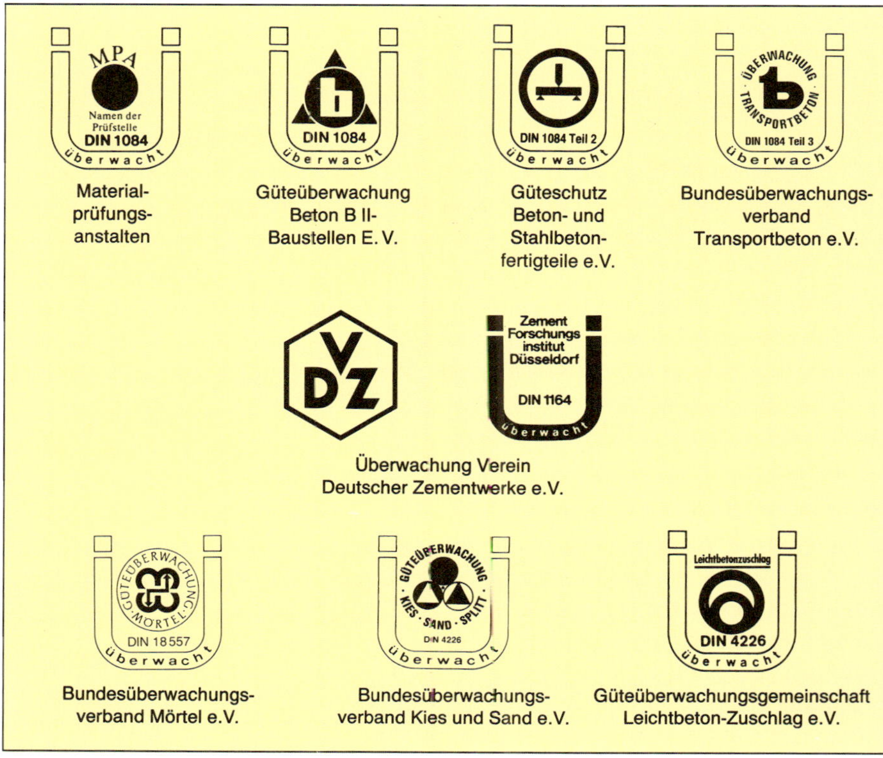

Bild 14: Überwachungszeichen

Mit der Ermittlung der Druckfestigkeit und ggf. der Wasserundurchlässigkeit kann eine Prüfstelle W beauftragt werden.

7.5 Bautagebuch

Verantwortlich für die ordnungsgemäße Ausführung der Arbeiten auf der Baustelle (Herstellung, Verarbeitung, Prüfung und Überwachung des Betons) ist der vom Unternehmer beauftragte Bauleiter oder sein fachkundiger Vertreter. Während der Bauarbeiten müssen nachprüfbare Aufzeichnungen z. B. in Form eines Bautagebuches geführt werden. Es sind folgende Angaben aufzuzeichnen, soweit sie nicht bereits in den Lieferscheinen enthalten sind:

- zeitlicher Ablauf der einzelnen Arbeiten (z. B. Bewehren, Einbringen des Betons, Ausschalen)
- Lufttemperatur und Witterungseinflüsse zur Zeit der Ausführung einzelner Bauteile oder Bauabschnitte bis zur vollständigen Entfernung der Schalung

Tafel 32: Bautagebuch (Beispiel)

Blatt Nr.: 175

Baustelle: Stadtsparkasse

Konto-Nr.: 4711-007

Niederlassung: Marienburg

Geschäftsstelle: 1

Bauleiter: [Unterschrift]
(Unterschrift)

Bauführer:

Bautagebuch-Bericht

Marienburg, den 18. 6. 1985
(Wochentag)

Schichteinteilung	Anzahl der eingesetzten								Schicht-Bauführer bzw. Polier			
	Angest.	Poliere H.-Pol.	Vorarb.	Facharb.	Flecht. Einsch.	Bauhelfer	Azubi	insges.		Wetter	Temp.	Uhr
von 7⁰⁰ bis 18⁰⁰	3	2	2	5	4	2	2	20	W. Wichtig	bewölkt	18 °	10⁰⁰
von ____ bis ____										nachts	11 °	
von ____ bis ____												

1. Vertragliche Leistungen:

BA 7: Stützen eingeschalt

BA 1: Bewehrung Decke 1. OG

BA 3: Decke 2. OG betoniert
Trapo-Lieferschein-Nummern:
73512, 73514, 73521, 73522, 73529
siehe Anlage

2. Behinderungen: keine

3. Außervertragliche Leistungen (auch Stundenlohnarbeiten):

5 m³ Abraum zur Deponie gefahren

4. Geräteeinsatz: wie vor

5. Anordnungen, Vereinbarungen, bes. Vorkommnisse, Besuche und Zeichnungseingänge:
Decke 2. OG nachbehandeln nach Arbeitsanweisung
(Checkliste)
Frischbetonprüfung siehe Vordruck 7
Schalpläne BA 5 und BA 8

und Rüstung sowie Art und Dauer der Nachbehandlung. Frosttage sind unter Angabe der Temperatur und der Ablesezeit besonders zu vermerken (siehe auch Kap. 5.5 und 5.6)

- bei Verwendung von Transportbeton (Kap. 4) die Namen der Lieferwerke und die Nummern der Lieferscheine, das Betonsortenverzeichnis und das Fahrzeugverzeichnis, ferner für welches Bauteil oder für welchen Bauabschnitt der Beton verwendet wurde. Das gleiche gilt sinngemäß für Fertigteile. Bei Baustellenbeton sind weitere Angaben z. B. über die Art der verwendeten Baustoffe notwendig
- die Herstellung aller Betonprobekörper mit ihrer Bezeichnung, dem Tag der Herstellung und Angabe der einzelnen Bauteile bzw. Bauabschnitte, für die der zugehörige Beton verwendet wurde, das Datum und die Ergebnisse ihrer Prüfung und die geforderte Festigkeitsklasse. Dies gilt auch für Probekörper, die vom Transportbetonwerk oder von seinem Beauftragten hergestellt und für die Baustelle angerechnet werden, außerdem Art und Ergebnisse etwaiger Nachweise der Betonfestigkeit am Bauwerk (Kap. 7.2)
- ggf. die Ergebnisse von Frischbetonuntersuchungen (Kap. 7.2), von Prüfungen der Bindemittel, Zuschläge usw.
- Betonstahlsorte und ggf. die Prüfergebnisse von Betonstahlschweißungen (Kap. 9).

Die Aufzeichnungen sind gemeinsam mit den Lieferscheinen – bei Transportbeton einschließlich des Betonsorten- und des Fahrzeugverzeichnisses – nach Abschluß der Bauarbeiten 5 Jahre lang vom Bauunternehmer aufzubewahren. Das Beispiel eines Bautagebuchblattes zeigt Tafel 32.

8 Schalung

Die Auswahl von Schalung und Rüstung wird in der Regel durch die Leistungsbeschreibung nicht festgelegt, es sei denn, Qualität und Betonoberfläche sind vorgegeben. Stellt die Leistungsbeschreibung keine detaillierten Anforderungen, so gilt auch bei Optimierung der Schalungskosten, daß die geforderten Eigenschaften des Bauteils, die Qualität der Betonoberfläche und die Betonverarbeitung im Vordergrund stehen. Betonflächen sind – sofern sie nicht nachträglich bearbeitet werden – das Spiegelbild der Schalungshaut, sie verleiht der Betonoberfläche Form und Struktur. Art, Aufbau und Abmessungen der Unterkonstruktion, Abstützung und Rüstung hängen von den zu tragenden Lasten und dem Schalungsdruck ab. Zusammen mit Schalungshaut und Schalungsankern müssen sie die Maßhaltigkeit und Einhaltung der Toleranzen gewährleisten.

8.1 Schalungsarten

Das Schalungsmaterial darf das Erhärten des Betons nicht beeinträchtigen.

Diese Anforderung wird von Holz in seinen verschiedenen Anwendungsformen sowie von Stahl und Kunststoff im allgemeinen erfüllt. Bei Brettschalung stehen dem Vorteil der „saugenden Schalung“ (siehe Abschnitt 8.2) relativ geringe Einsatzhäufigkeit, großer Verschnitt, hoher Fugenanteil und hohe Lohnkosten gegenüber. Schalungsplatten und Schaltafeln aus gehobelten Brettern, die mit Standardbreiten von 50 cm und Längen von 75 bis 225 cm geliefert werden, haben ebenfalls *saugende* Oberflächen, hinzu kommen der geringere Fugenanteil und die längere Lebensdauer. In Tafel 33 sind die verschiedenen Schalungsarten einschließlich Sperrholz-, Kunststoff- und Stahlschalung mit Einsatzbereichen und Einsatzhäufigkeiten aufgelistet.

Der horizontale Druck, den der Beton auf seine Schalung, insbesondere bei hohen Wänden und Stützen ausübt, ist näherungsweise aus Bild 15 ablesbar. Der Frischbetondruck wird größer bei Frischbetontemperaturen/Außentemperaturen <15 °C sowie beim Einsatz von Erstarrungsverzögerern und von Außenrüttlern.

Die Herstellung einwandfreier Oberflächen bei stark geneigten Bauteilen (20 ° bis 70 °), die mit Hilfe von Gegenschalungen hergestellt werden, erfordert besondere Maßnahmen, da an der Schalung haftende Luft- und Wasserblasen auch unter intensiver Rüttlereinwirkung nicht zielsicher ausgetrieben werden können. Als Hilfsmittel bieten sich verzinkte sickenversteifte Drahtgitter als „offene Gegenschalungen“ (Rippenstreckmetall u. ä.) an, die eine schnelle Entlüftung und eine Kontrolle der Verdichtung während des Betonierens erlauben (s. auch Abschn. 8.2). Ggf. ist eine ausreichende Aussteifung durch Kanthölzer oder Schalungsträger erforderlich. Beim Betonieren durch die

Tafel 33: Einsatzbereiche und Einsatzhäufigkeit von Schalungsarten

Schalungsart	Schalungsmaterial	Einsatzbereich	Richtwerte über Einsatzhäufigkeit bei geeigneter Vorbehandlung
Schwarten	Tanne bzw. Fichte mit Borkenkante und Astverharzung	Sichtbeton	2 bis 3
Brettschalung, rauh	Tanne bzw. Fichte mit sägerauher Oberfläche	Beton ohne besondere Anforderung an seine Sichtfläche	4 bis 5
Brettschalung, einseitig profiliert	Tanne bzw. Fichte mit einseitig sandgestrahlter oder abgeflammter Oberfläche	Sichtbeton mit Holzstruktur	bis 10
Brett-Plattenschalung (Schaltafeln)	Tanne bzw. Fichte imprägniert mit Standardmaß 150 × 50 cm	Beton ohne besondere Anforderung an seine Sichtfläche	bis 50
Sperrholz, beharzt	Tischlerplatte beharzt aus Nadelholz (Stab- oder Stäbchenmittellage)	Beton ohne besondere Anforderung an seine Sichtfläche, Tapezier- und Streichbeton	bis 30
Sperrholz, befilmt	Tischlerplatte aus Nadelholz (Stab- oder Stäbchenmittellage) mit Natron- oder Kraftpapier		
Sperrholz, polyesterbeschichtet	Tischlerplatte aus Nadelholz (Stäbchenmittellage) mit Polyesterbeschichtung	Glatter Beton	bis 100
Schichtstoffplatten	Melamin- bzw. Phenolbeschichtung auf Stab- bzw. Stäbchenmittellage		80 bis 100
Polysulfid-Schalung	Polysulfid	Strukturierter Sichtbeton	30 bis 50
Gummischalung	Polypropylen-Silikonkautschuk	Strukturierter Sichtbeton (Gummimatrizen); (aufblasbare Schalung), Rohrherstellung	bis 50
Polystyrol-Schalung	Polystyrol-Hartschaum	Strukturierter Sichtbeton, Verdrängungskörper für Systemdecken und Aussparungen	1 bis 5
Stahlschalung	Stahl	Beton ohne besondere Anforderung an seine Sichtfläche	bis 500
Stahlblechwickelrohre	Bandstahl mit spiralförmig verlaufenden Falznähten	Sichtbeton, Streich-, Tapezierbeton	1

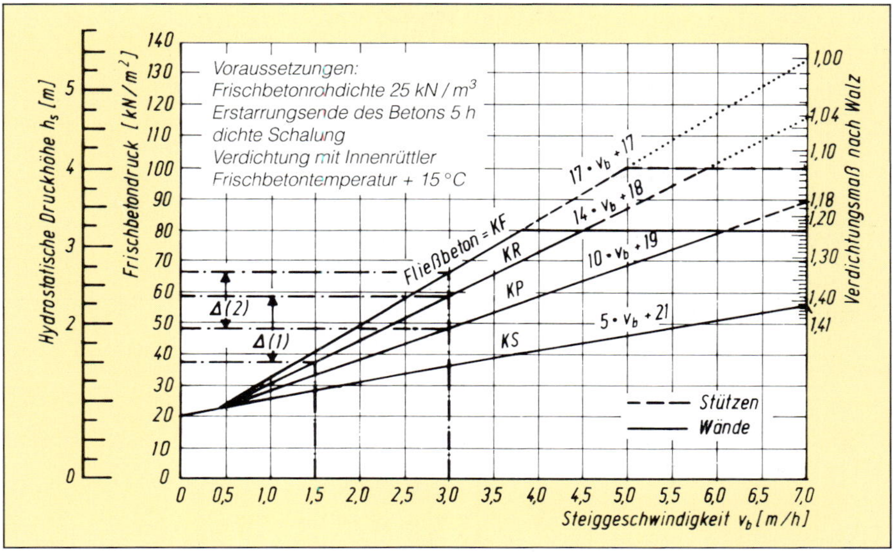

Bild 15: Diagramm für die Bestimmung des Frischbetondrucks p_b in Abhängigkeit von der Steiggeschwindigkeit v_b und der Konsistenz nach DIN 18218

Beispiele: (1) Bei Verwendung eines Betons der Konsistenz KR erhöht sich infolge Änderung der Steiggeschwindigkeit von 1,5 auf 3 m/h der Frischbetondruck von 38 auf 59 kN/m², also um 55%.

(2) Bei gleicher Steiggeschwindigkeit von 3 m/h und Änderung der Konsistenz KP in KF erhöht sich der Frischbetondruck von rd. 48 kN/m² auf 66 kN/m², also um rd. 38%.

Drahtgitter austretender Mörtel ist im jungen Alter zu entfernen, wenn nicht sofort der Oberflächenschluß erfolgt.

8.2 Anforderungen an die Schalung

Die Schalung muß maßgenau, sauber und dicht sein und nach dem Einbringen des Betons auch dicht bleiben. Vorsatzschalungen, insbesondere solche aus Hartfaser- und ähnlichen Platten, sollen bei der Montage einen hohen Feuchtigkeitsgehalt aufweisen, damit sie sich nicht durch weitere Wasseraufnahme (vor oder während des Betonierens) wellen. Bei langen Standzeiten und hohen Temperaturen trocknen Holzschalungen aus, das Holz schwindet und die Fugen zwischen den Schalbrettern öffnen sich. Beim Betonieren kann Zementmörtel austreten. Es entstehen die als Kiesbänder oder Kiesnester bekannten, nicht geschlossenen Betonoberflächen. Holzschalungen müssen deshalb rechtzeitig vor dem Betonieren intensiv genäßt werden. Das Wässern sollte mindestens einen Tag, besser zwei Tage vorher beginnen, damit sich durch das Quellen des Holzes die Fugen schließen und die Schalung wieder dicht wird. Undichte Fugen lassen sich durch gespundete Schalbretter sicherer vermeiden (Bild 16).

Art der Spundung		Auswirkung
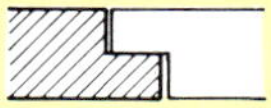	Wechselfalzspundung	Nasenbildung möglich
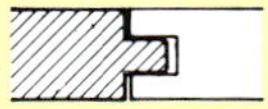	Nut- und Feder-spundung	Dichte Schalung, schwierige Wiederverwendung (Federn brechen leicht ab)
	Dreieck- oder Schweins-rückenspundung	Nasenbildung möglich
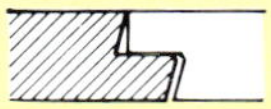	untergefügte Keilspundung	Dichte Schalung, leichte Wiederverwendung
	keine	Nasenbildung möglich

Bild 16: Brettspundungen

Glatte Stahl- oder kunststoffbeschichtete, wasserabweisende, also nicht saugende Schalungen, begünstigen Mörtelanreicherungen und eine Erhöhung des Wasserzementwertes an den Kontaktflächen (Netzrißbildung) sowie die Entstehung von Poren an der geschalten Betonoberfläche. Dies kann bei Betonbauteilen zu Beeinträchtigungen der Abriebfestigkeit, Frostbeständigkeit, Dauerhaftigkeit usw. führen. Daher sind im allgemeinen für Außenbauteile wassersaugende Holzschalungen vorteilhafter als nicht saugende Schalungen.

Holzschalungen (gehobelt oder sägerauh) müssen vor dem ersten Einsatz künstlich gealtert werden, um Reaktionen zwischen Holzinhaltstoffen und Zementleim des Frischbetons zu vermeiden. Eine geeignete Maßnahme ist das Einschlämmen der Schalungsoberfläche mit Zementleim (Wasserzementwert von 0,8 bis 1,0), der nach dem Antrocknen mit einem Wasserstrahl oder einer Bürste wieder entfernt wird. Gute Ergebnisse wurden auch mit verdünntem lösemittelhaltigem Epoxidharz erzielt. Reinigungsöffnungen sind vor allem am Fuß von Stützen und Wänden, an der Unterseite von tiefen Balkenschalungen und am Ansatz von Auskragungen vorzusehen.

Eine Alternative zu „offenen" Gegenschalungen und saugenden Schalungen ist die Verwendung wasserabführender Schalungsbahnen. Bei Überkopfschalungen – z. B. bei Vouten, Wehrrücken, geneigten Wänden, geneigten Stützen – und im oberen Bereich von Wänden ist auch bei weicher Konsistenz und vollständiger Verdichtung des Betons eine nahezu lunkerfreie Betonoberfläche kaum erzielbar, da überschüssiges Zugabewasser und Luft nur ungenügend entweichen können. Als Vorsatzschalung eingesetzte wasserabführende Schalungsbahnen leiten dagegen Wasser und Luft ab, die Feinststoffe des Betons werden jedoch zurückgehalten. Das Ergebnis ist eine nahezu lunkerfreie, geschlossene Betonoberfläche. Als „Nebeneffekt" wird eine Betonrandzone mit reduziertem Wasserzementwert erreicht, die eine größere Dichtheit gegen das Eindringen von Flüssigkeiten und Gasen aufweist. Das erhöht die Dauerhaftigkeit des Betons durch einen höheren Widerstand gegen Frost-Tauwechsel und gegen chemische Angriffe und bewirkt eine geringere Karbonatisierungsgeschwindigkeit.

Spann- und Rödeldrähte, die bis zur Betonoberfläche durchgehen, dürfen i. d. R. nicht im Beton bleiben. Da ein Abstemmen unter der Betonoberfläche zu Beschädigungen des Betons führt, sollten Spannsysteme mit Konen o. ä. verwendet werden (Bild 17). Die Spannanker sind bei Sichtbeton regelmäßig anzuordnen, ihre Lage kann bewußt die Gliederung der Oberfläche unterstreichen. Schalungsanker müssen den Anforderungen der DIN 18216 entsprechen. Beeinträchtigen bei gestaltetem Beton die von den Schalungsankern in der Oberfläche hinterlassenen Löcher die geplante ästhetische Wirkung, so muß der

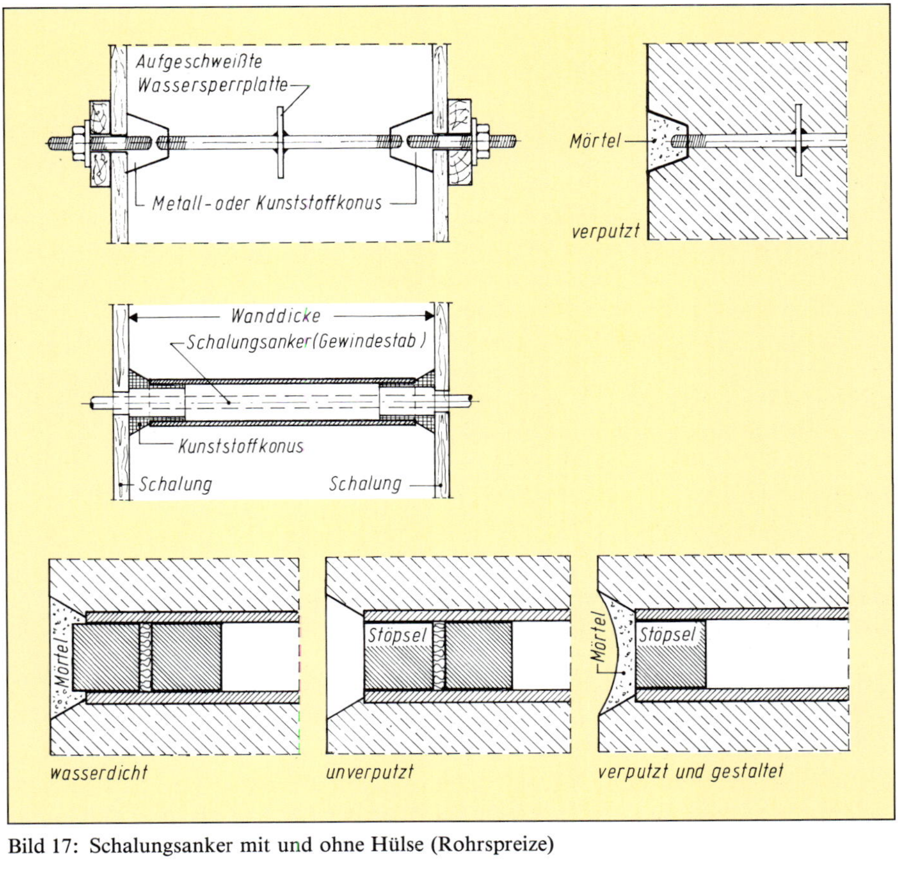

Bild 17: Schalungsanker mit und ohne Hülse (Rohrspreize)

Tafel 34: Ebenheitstoleranzen (DIN 18202, Teil 5)

Bauteile/Funktion	Ebenheitstoleranzen in mm bei Abstand der Meßpunkte bis				
	0,1 m	1 m*)	4 m*)	10 m*)	15 m
Nichtflächenfertige Wände und Unterseiten von Rohdecken	5	10	15	25	30
Flächenfertige Wände und Unterseiten von Decken, z. B. geputzte Wände, Sichtbeton, Sichtmauerwerk, Wandbekleidungen, untergehängte Decken, leichte Trennwände, Vorsatzschalen	3	5	10	20	25
- mit erhöhten Anforderungen	2	3	8	15	20

*) Zwischenwerte sind geradlinig einzuschalten und auf mm zu runden

Frischbetondruck mit Hilfe von senkrecht gestellten Deckenträgern abgetragen werden.

Für die Maßgenauigkeit gibt DIN 18202 entsprechende Hinweise (Tafel 34).

8.3 Trennmittel

Aufgabe der Trennmittel ist, das einwandfreie Lösen der Schalung von der Betonoberfläche zu ermöglichen und das Schalungsmaterial zu schützen und zu konservieren. Durch diese Mittel können Schäden beim Ausschalen weitgehend vermieden und das Aussehen der Betonoberfläche verbessert werden. Sie sind dünn und gleichmäßig und grundsätzlich vor dem Einbau der Bewehrung aufzutragen. Fleckenbildung sowie unterschiedliche Grautönungen auf Sichtbetonflächen sind häufig auf unsachgemäßes und ungleichmäßiges Auftragen zurückzuführen, allerdings auch auf Schmutz, der durch die Trennmittel gebunden wird. Bei flüssigen Mitteln werden zweckmäßig Sprühgeräte verwendet.

Trennmittelarten:

Grundsätzlich unterscheidet man zwischen physikalisch wirkenden Trennmitteln, die durch eine Filmhaut auf der Schalungsoberfläche eine unmittelbare Verbindung zwischen Beton und Schalung verhindern, und chemisch wirkenden Trennmitteln, die die Betonerhärtung im Oberflächenbereich stören.

- Mineralöle: günstig bei Frost einzusetzen; Auftrag erfolgt mit Sprühgerät
- Wasser-in-Öl-Emulsion: Öl bildet die geschlossene Phase; sie ist *nicht* mit Wasser verdünnbar; seltene Anwendung
- Öl-in-Wasser-Emulsion: Wasser bildet die geschlossene Phase; sie ist verdünnbar mit Wasser; der Trenneffekt ist von der Ölkonzentration abhängig; bequeme Handhabung; bei Frost nicht verarbeitbar

- Schallacke, Wachslösungen und Wachspasten: der Trennfilm wird aus Lack oder Wachs nach Verflüchtigen des Lösungsmittels bzw. bei wäßrigen Pasten nach Verdunsten des Wassers gebildet; die Schichten sind abrieb-, schlag- und regenfest; der Auftrag ist aufwendig; für wassersaugende Schalung nicht geeignet, da die Wasseraufnahme verhindert wird
- Chemische Trennmittel: unterbinden oder verzögern die Hydratation des Zements.

Die Angaben der Schalungshersteller über geeignete Trennmittel und ihre Anwendung - insbesondere bei Matrizen - und die Hinweise der Trennmittelhersteller müssen auf der Baustelle bekannt sein und beachtet werden. Eine Übersicht bietet Tafel 35.

Bei saugenden Holzschalungen ist eine spätere gute Trennwirkung zwischen Schalungs- und Betonoberfläche auch durch vollständige Wassersättigung des Holzes zu erreichen. Die wassergefüllten Poren verhindern zuverlässig das Eindringen von Zementleim in die Holzoberfläche. Ein mehrstündiges ununterbrochenes Wässern der Schalung ist unabdingbar. Bei Frost ist diese Art der Vorbehandlung ungeeignet.

Tafel 35: Anwendung von Trennmitteln [39]

Art, Typ Grundmaterial	Mögliche Einflüsse auf Beton	Abnutzung	Hauptsächlicher Einsatz	Empfohlene Trennmittel
Holz - roh - gehobelt - imprägniert	Wasseraufnahme aus dem Beton, evtl. Abbindehemmung durch Holzinhaltsstoffe	stark stark mittel	Ortbeton Sichtbeton Decken	A, B (bei ersten Einsätzen) D (bei späteren Einsätzen) E
Stahl	evtl. Rostfleckenübertragung	keine	Vorfabrikation Serienbau	A, D, F
Aluminium	keine	Chemische Korrosion ist möglich	Serienbau in Ortbeton	A, C, F
Kunststoff - auf Holz - Platten - Matrizen	keine - bei Matrizen evtl. größere Frühschwindrisse	wenig	Großbauten in Ortbeton, Tiefbau, Stützmauern, Vorfabrikation	B, D, E, F
A Mineralöl ohne Zusätze D Emulsion Öl in Wasser	B Mineralöle mit Zusätzen E Schalungslacke, Wachse	C Emulsion Wasser in Öl F Chemische Trennmittel		

9 Bewehrung

Stahlbeton ist ein Verbundbaustoff, in dem der Beton die Druckkräfte und der Stahl die Zugkräfte aufnimmt. Reicht der Betonquerschnitt nicht aus, um die auftretenden Druckkräfte abzutragen, so können Bewehrungsstäbe auch in der Druckzone angeordnet werden. In Stützen übernehmen Stahl und Beton gemeinsam die Druckkräfte.

9.1 Stahlsorten und Kennzeichnung

Stähle, die zur Bewehrung von Beton verwendet werden sollen, müssen DIN 488 entsprechen oder allgemein bauaufsichtlich zugelassen sein. In Teil 1 dieser Norm wird Betonstahl nach Oberflächenform und Anwendung als *Betonstabstahl* (S), *Betonstahlmatten* (M) und *Bewehrungsdraht* (G für glatt und P für profiliert) bezeichnet und nach Festigkeit eingeteilt.

Alle Stäbe nach DIN 488 sind zum Schweißen geeignet. Einzelheiten über Ausführung und Überwachung von Schweißarbeiten mit Betonstahl sind in DIN 4099 „Schweißen von Betonstahl" enthalten. Die Normbezeichnung der Stähle setzt sich zusammen aus Benennung des Stahls, DIN-Norm, Kurznamen, Werkstoffnummer und Nenndurchmesser bei Betonstabstahl und Bewehrungsdraht bzw. kennzeichnenden Nennmaßen bei Betonstahlmatten; der Kurzname aus dem Kürzel „BSt" für Betonstahl, der Streckgrenze und der Betonstahlbezeichnung.

Tafel 36: Sorteneinteilung und Eigenschaften der Betonstähle nach DIN 488

Beton-stahlsorte	Kurzname	BSt 420 S	BSt 500 S	BSt 500 M
	Kurzzeichen	III S	IV S	IV M
	Erzeugnisform	Betonstabstahl	Betonstabstahl	Betonstahlmatte
	Nenndurchmesser d_s mm	6 bis 28	6 bis 28	4 bis 12
	Streckgrenze R_e bzw. 0,2%-Dehngrenze $R_{p0,2}$ N/mm²	420	500	500
	Schweißeignung für Verfahren[1]	E, MAG, GP, RA, RP	E, MAG, GP, RA, RP	E[2], MAG[2], RP

[1] Die Kennbuchstaben bedeuten: E = Metall-Lichtbogenhandschweißen, MAG = Metall-Aktivgasschweißen, GP = Gaspreßschweißen, RA = Abbrennstumpfschweißen, RP = Widerstandspunktschweißen.

[2] Der Nenndurchmesser der Mattenstäbe muß mindestens 6 mm beim Verfahren MAG und mindestens 8 mm beim Verfahren E betragen, wenn Stäbe von Matten untereinander oder mit Stabstählen ≤14 mm Nenndurchmesser verschweißt werden.

Bild 18: Nicht verwundener Betonstabstahl BSt 420 S (a) und BSt 500 S (b) mit Längsrippen (Regellängen 12 bis 15 m)

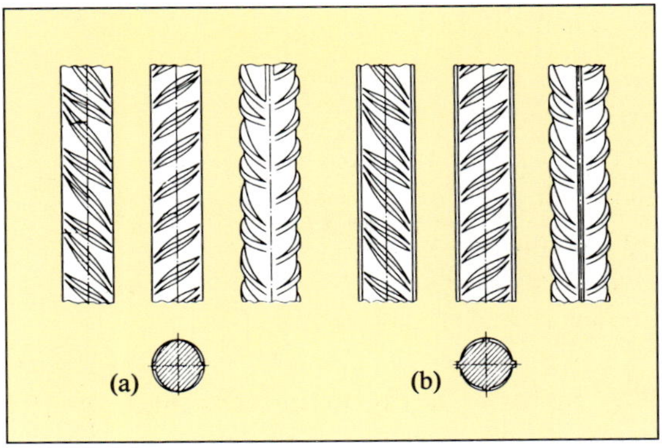

Beispiel: Der Kurzname für Betonstahl nach DIN 488, gerippter Stabstahl, Streckgrenze 500 N/mm², Nenndurchmesser 20 mm, lautet: „Betonstabstahl DIN 488 - BSt 500 S-20".

Die Sorteneinteilung und Eigenschaften der Betonstähle sind in Tafel 36 auszugsweise wiedergegeben. Bild 18 zeigt die Anordnung der Schräg- und Längsrippen bei nicht verwundenen Betonstabstählen mit Längsrippen.

Bei Betonstabstahl wird die Stahlsorte durch unterschiedliche Oberflächengestalt in Form von Schrägrippen auf einer Umfangshälfte des Stabes gekennzeichnet. Darüber hinaus werden auf der zweiten Umfangshälfte Herstellungsland und -werk ebenfalls durch eine bestimmte Anzahl von Schrägrippen zwischen verbreiterten Rippen angegeben (Bild 19).

Bei Bewehrungsdraht sind die Ringe oder Bunde durch Angaben auf einem witterungsbeständigen Anhänger erkennbar.

9.2 Lieferung, Abnahme und Lagerung

Nach DIN 488 hergestellter Betonstahl ist mit numerierten Lieferscheinen auszuliefern, die

- Hersteller und Werk,
- Werkkennzeichen bzw. Werknummer,
- Überwachungszeichen,
- vollständige Bezeichnung des Betonstahls,
- Liefermenge,
- Tag der Lieferung und
- Empfänger

enthalten.

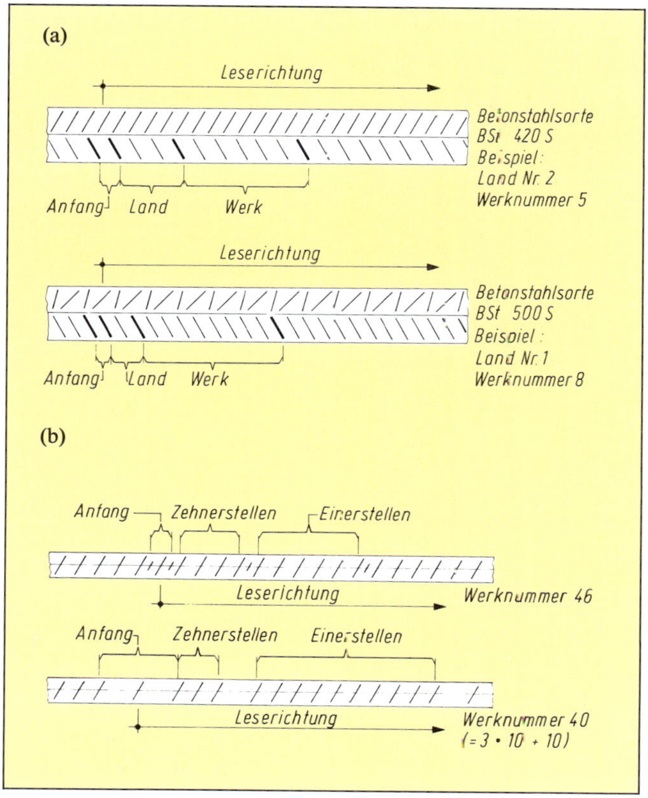

Bild 19: Kennzeichnung von Betonstabstahl nach DIN 488 (a) und Werkkennzeichen für Betonstahlmatten (b)

Bei Lieferschein ab Händlerlager oder ab Biegebetrieb ist auf dem Lieferschein zu bestätigen, daß er Betonstahl nur aus Herstellerwerken bezieht, die einer Überwachung unterliegen. Ist ein Betonstahl nicht in DIN 488 genormt, muß der Lieferschein eine eindeutige Bezeichnung sowie Hinweis auf die bauaufsichtliche Zulassung enthalten.

Die Abnahme auf der Baustelle erfordert zunächst die Kontrolle, ob der Lieferschein alle notwendigen Angaben enthält. Außerdem müssen diese mit der angelieferten Ware übereinstimmen. Fehlen am Stahl Kennzeichen der Stahlgruppe und Werkkennzeichen, so darf dieser nicht verwendet werden. Daneben ist der angelieferte Betonstahl auf erkennbare Schäden (tiefe Rostnarben, Quetschungen, Knicke) hin zu prüfen. Zum Schutz vor Verwechslungen sind Sorten und Durchmesser getrennt zu lagern. Die einzelnen Stapel sollten durch Schilder mit Angabe von Durchmesser und Kurzzeichen gekennzeichnet werden. Als Schutz vor Verschmutzung durch Erdreich und Nässe empfiehlt sich die Lagerung auf Kanthölzern.

9.3 Verlegen der Bewehrung

Bewehrungszeichnungen und Stahllisten sind Grundlage für das Ablängen, Biegen und Verlegen der Bewehrung. Die Maße der Bauteile und ihre Bewehrung sind durch Zeichnungen eindeutig und übersichtlich darzustellen. Auf den Zeichnungen sind insbesondere anzugeben:

- Betonstahlsorte (vgl. Abschnitt 9.1)
- Anzahl, Durchmesser, Form und Lage der Bewehrungsstäbe, bei Betonstahlmatten Bezeichnung, Form und Lage
- gegenseitiger Abstand der Bewehrung, Rüttellücken, Übergreifungslängen an Stößen, Verankerungslängen an Auflagern
- ggf. Einteilung in Betonierabschnitte
- Baustellenschweißungen, Anordnung und Ausbildung von Schweißstellen mit Angabe der Schweißzusatzwerkstoffe, Maße und Ausführung
- Mindestdurchmesser der Biegerollen
- Betonfestigkeitsklasse und ggf. besondere Eigenschaften
- Betondeckung und Unterstützung der oberen Bewehrung.

Die Stahleinlagen sind zu einem steifen Gerippe zu verbinden, damit sie beim Einbringen und Verdichten des Betons in der vorgeschriebenen Lage verbleiben. Die Verbindungen dürfen bei üblichen Hochbauten auch geschweißt werden (Haftschweißungen). Vor allem die obere Bewehrung ist in der vorgesehenen Höhenlage unverschieblich einzubauen. In Auflagerbereichen, bei auskragenden Platten und bei geringen Konstruktionshöhen wirken sich Ungenauigkeiten besonders nachteilig aus.

Der lichte Stababstand von gleichlaufenden Bewehrungsstäben außerhalb von Stoßbereichen muß mindestens 2 cm betragen und darf nicht kleiner als der Stabdurchmesser und das Zuschlaggrößtkorn sein. Dies ist u. a. Voraussetzung für einen ausreichenden Verbund zwischen Beton und Stahl.

Wird der Beton durch Innenrüttler verdichtet, so muß das Eintauchen der Rüttelflasche ggf. durch Anordnung von Rüttellücken ermöglicht werden (Bild 20).

Rüttellücken sind bereits in den Bewehrungszeichnungen anzugeben. Fehlende oder widersprüchliche Angaben sind in Zusammenarbeit mit dem Konstruktionsbüro zu klären.

Stöße

Stöße von Betonstahl können durch Übergreifen von Bewehrungsstäben, Verschweißen, Muffenverbindungen (i. d. R. Schraub- oder Preßmuffen) und Kontakt der Stabstirnflächen (nur Druckstäbe) hergestellt werden.

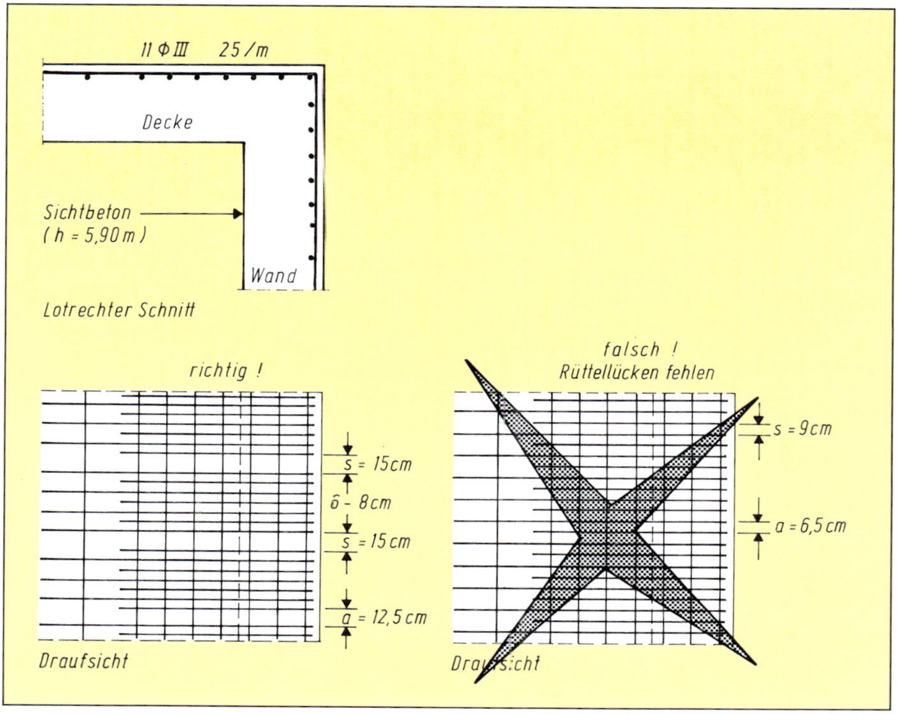

Bild 20: Anordnung von Rüttellücken

Übergreifungsstöße werden durch gerade Stabenden oder Winkelhaken (nur bei Rippenstäben), Haken, Schlaufen, angeschweißte Querstäbe oder Ankerkörper ausgeführt. Bei Übergreifungsstößen geschweißter Betonstahlmatten wird unterschieden in „Ein-Ebenen-Stöße", bei denen die zu stoßenden Stäbe nebeneinanderliegen (günstig bei geringer Bauhöhe) und in „Zwei-Ebenen-Stöße", bei denen die zu stoßenden Stäbe übereinanderliegen.

Geschweißte Stöße sind nach DIN 4099 „Schweißen von Betonstahl" herzustellen. Die Ausbildung der Stöße kann als Stumpf-, Laschen- oder Überlappstoß erfolgen.

Muffenverbindungen können als Schraub- oder Preßmuffenstoß ausgeführt werden. Muffen werden angewendet, wenn die Bewehrung die Schalung nicht durchdringen soll, herausstehende Anschlußstäbe nicht erwünscht oder Übergreifungsstöße (z. B. bei dichter Bewehrung) nicht möglich sind. Muffenverbindungen an Zugstäben bedürfen einer allgemeinen bauaufsichtlichen Zulassung oder einer baustellenbezogenen Zustimmung der zuständigen Bauaufsichtsbehörde.

Nachträgliches Biegen

An Arbeitsfugen und bei vorgefertigten Bauteilen wird häufig zur Vereinfachung des Bauablaufs bzw. des Transports die Anschlußbewehrung abgebogen und später in die ursprüngliche Lage zurückgebogen. Unsachgemäßes Rückbiegen kann zu Anrissen und Brüchen führen. Den Einfluß der Rückbiegerichtung zeigt Bild 21.

Schutz der Bewehrung nach dem Verlegen

Bei Platten ist die obere Bewehrung gegen Herunterdrücken zu sichern (z. B. durch Montageböcke). Beim Betonieren sind Laufbohlen zu verwenden, damit

Bild 21: Einfluß der Rückbiegerichtung nach Merkblatt „Rückbiegen von Betonstahl“

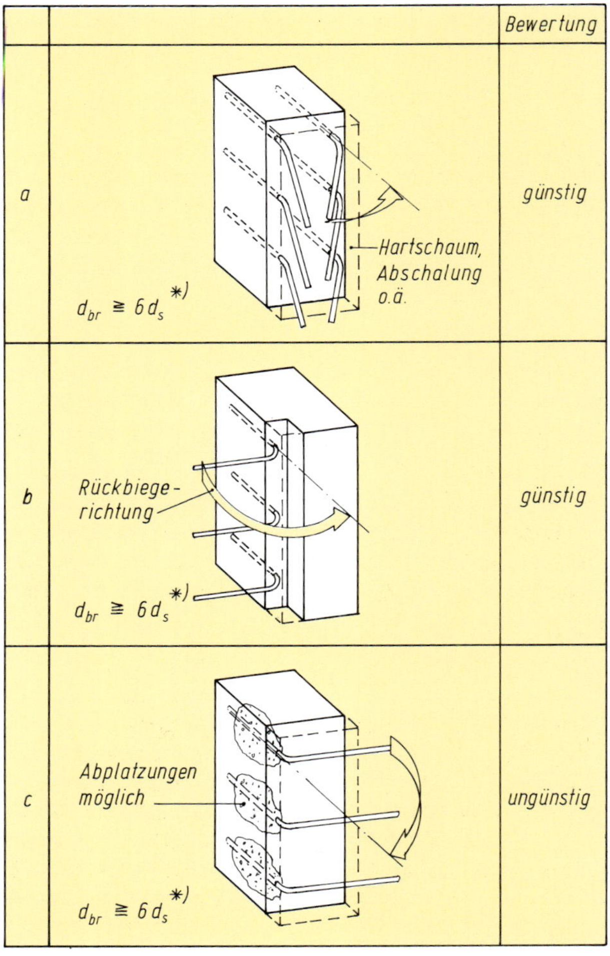

*) Stabdurchmesser: $d_s \leq 14$ mm, Biegerollendurchmesser beim Biegen (Hinbiegen): $d_{br} \geq 6\ d_s$, Biegewinkel (beim Hinbiegen): $\alpha \leq 90°$.

Tafel 37: Fehlerquellen bei Vorbereitung und Einbau der Bewehrung und Gegenmaßnahmen nach Litzner [5]

Möglicher Fehler	Ursache	Mögliche Auswirkung	Maßnahmen zur Vorbeugung oder Abhilfe
Bewehrungsstäbe liegen zu dicht	Querschnitt zu schmal; zu wenig Bindestellen; Toleranzen nicht berücksichtigt	Entmischung des Betons; Fehlstellen („Nester"); Verbund beeinträchtigt	Mehr Bindestellen; mehr Montagebewehrung; Stabbündelung; falls möglich, Querschnitt verbreitern
Rüttelgassen fehlen oder zu klein	Querschnitt zu schmal; Bewehrungsanhäufung	Beton ist schwer einzubringen; Verdichtung nicht möglich; Dauerhaftigkeit beeinträchtigt	Änderung der Bewehrungsführung; Stabbündelung; Verringerung des Größtkorns; Fließbeton
Biegerollendurchmesser zu klein	Biegerolle wird nicht gewechselt; Angabe in Zeichnung wird nicht beachtet	Brechen des Stahls; Überbeanspruchung des Betons; Rißbildung; fehlende Tragfähigkeit	Beschädigte Stäbe auswechseln; bei geringfügiger Unterschreitung mehr Querbewehrung
Bewehrungsgeflecht verschiebt sich	Geflecht ist nicht stabil genug; Abstützungen fehlen	Bewehrung liegt auf der Schalung; Korrosionsschutz fehlt	Mehr Bindestellen; mehr Montagebewehrung; mehr Abstützungen und Abstandhalter
Bügel in Stützen verschieben sich oder fehlen ganz	Beim Betonieren kein Fallrohr benutzt; Bügel wurden nicht nach Bewehrungszeichnung eingeflochten	Tragfähigkeit der Stütze beeinträchtigt; Risse im Lasteintragungsbereich	Fallrohr beim Betonieren verwenden; Bügel nach Zeichnung einflechten; u. U. Steckbügel anordnen
Betondeckung zu klein	Zu wenig Abstandhalter angeordnet; Bewehrung beim Verlegen oder Betonieren verschoben; Unterschied Nennmaß-Mindestmaß nicht beachtet	Dauerhafter Korrosionsschutz fehlt (Rostfahnen); Zugkräfte können nicht im Beton verankert werden, Rißbildung; Tragfähigkeit herabgesetzt	Nennmaß der Betondeckung vergrößern; Abstandhalter in ausreichender Zahl einbauen; Betondeckung kontrollieren

die Bewehrung weder verschoben noch heruntergetreten werden kann. Auch Kübel, Abstützungen für Pumpleitungen und andere Betoniergeräte dürfen aus diesem Grunde nicht direkt auf die Bewehrung gestellt werden. Tafel 37 faßt mögliche Fehler bei Vorbereitung und Einbau der Bewehrung und die empfohlenen Vorbeuge- bzw. Abhilfemaßnahmen zusammen.

Abnahme

Der Bauleiter des ausführenden Unternehmens hat dafür zu sorgen, daß die Betonstahlsorte, der Durchmesser, die Lage der Bewehrung und die Ausführung der Schweißverbindungen mit den bauaufsichtlich genehmigten Zeichnungen übereinstimmen. Um der bauüberwachenden Behörde bzw. dem von ihr mit der Bauüberwachung Beauftragten ggf. die Abnahme der Bewehrung zu ermöglichen, sind möglichst 48 Stunden vor Beginn der betreffenden Arbeiten anzuzeigen:

- der beabsichtigte Beginn des erstmaligen Betonierens
- auf Verlangen auch das Betonieren einzelner Bauabschnitte (z. B. der Betonierbeginn für jedes einzelne Geschoß im Hochbau)
- der Wiederbeginn des Betonierens nach längerer Unterbrechung (besonders nach längeren Frostzeiten)
- der Beginn von wesentlichen Schweißarbeiten auf der Baustelle.

9.4 Betondeckung

Die Größe der einzuhaltenden Betondeckung richtet sich zum einen nach der Größe der möglichen Krafteinleitung, ausgedrückt durch den Stabdurchmesser, zum anderen nach den Umweltbedingungen und der Betonfestigkeitsklasse (Tafel 38).

Das *Mindestmaß min c* der Betondeckung nach DIN 1045, Abschnitt 13.2.1, ist der mit ausreichender Zuverlässigkeit einzuhaltende Mindestabstand zwischen der Betonoberfläche und den Bewehrungsstäben (Tafel 38, Spalte 3).

Das *Nennmaß nom c* der Betondeckung setzt sich aus dem Mindestmaß und einem Vorhaltemaß zusammen (Tafel 38, Spalte 4).

$$\text{nom c} = \text{min c} + \Delta \text{c}$$

Das *Vorhaltemaß* Δc der Betondeckung soll die unvermeidlichen Maßabweichungen aus Biegen und Verlegen der Bewehrung, Art und Einbau der Abstandhalter, Herstellung der Schalung sowie Einbringen und Verdichten des Betons abdecken. Das Vorhaltemaß Δc enthält nicht die bei der zerstörungsfreien Nachmessung der Betondeckung am fertigen Bauteil unvermeidlichen Meßfehler.

Tafel 38: Maße der Betondeckung*) in cm, bezogen auf die Umweltbedingungen (Korrosionsschutz) und die Sicherung des Verbundes

	1	2	3	4
	Umweltbedingungen	Stabdurchmesser d_s mm	Mindestmaße für ≥B 25 min c cm	Nennmaße für ≥B 25[2)] nom c[3)] cm
1[1)]	Bauteile in geschlossenen Räumen, z. B. in Wohnungen (einschließlich Küche, Bad und Waschküche), Büroräumen, Schulen, Krankenhäusern, Verkaufsstätten - soweit nicht im folgenden etwas anderes gesagt ist. Bauteile, die ständig trocken sind.	bis 12 14, 16 20 25 28	1,0 1,5 2,0 2,5 3,0	2,0 2,5 3,0 3,5 4,0
2	Bauteile, zu denen die Außenluft häufig oder ständig Zugang hat, z. B. offene Hallen und Garagen. Bauteile, die ständig unter Wasser oder im Boden verbleiben, soweit nicht Zeile 3 oder Zeile 4 oder andere Gründe maßgebend sind. Dächer mit einer wasserdichten Dachhaut für die Seite, auf der die Dachhaut liegt.	bis 20 25 28	2,0 2,5 3,0	3,0 3,5 4,0
3	Bauteile im Freien. Bauteile in geschlossenen Räumen mit oft auftretender, sehr hoher Luftfeuchte bei üblicher Raumtemperatur, z. B. in gewerblichen Küchen, Bädern, Wäschereien, in Feuchträumen von Hallenbädern und in Viehställen. Bauteile, die wechselnder Durchfeuchtung ausgesetzt sind, z. B. durch häufige starke Tauwasserbildung oder in der Wasserwechselzone. Bauteile, die „schwachem“ chemischem Angriff nach DIN 4030 ausgesetzt sind.	bis 25 28	2,5 3,0	3,5 4,0
4	Bauteile, die besonders korrosionsfördernden Einflüssen auf Stahl oder Beton ausgesetzt sind, z. B. durch häufige Einwirkung angreifender Gase oder Tausalze (Sprühnebel- oder Spritzwasserbereich) oder „starkem“ chemischem Angriff nach DIN 4030 (siehe auch Abschnitt 13.3).	bis 28	4,0	5,0

*) Mindestbetondeckung für Leichtbeton siehe Tafel 42

1) bei B 15 und $d_s \leq 12$ mm min $c = 1,5$ cm und nom $c = 2,5$ cm; für größere Durchmesser gelten die Werte von Zeile 1

2) bei B 35 und höher dürfen Mindest- und Nennmaße um 0,5 cm verringert, die Mindestmaße jedoch nicht kleiner als der Durchmesser der Bewehrung oder als 1,0 cm angesetzt werden

3) die Nennmaße dürfen, sofern besondere Maßnahmen bei der Verlegung der Bewehrung nach dem „Merkblatt Betondeckung“ getroffen werden, um 0,5 cm verringert werden

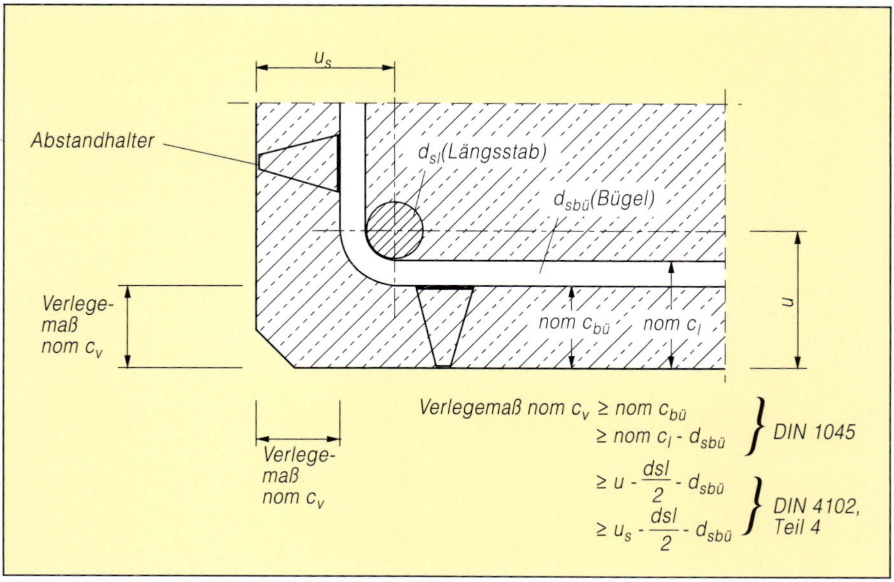

Bild 22: Verlegemaß nom c_v

Das in DIN 1045, Abschnitt 13.2.1 (3), genannte *Verlegemaß* der Bewehrung – aus den Nennmaßen nom c abgeleitet – ist im allgemeinen der Abstand zwischen der Betonoberfläche und den Stäben der äußeren Bewehrungslage und ist für die Festlegung der Dicke bzw. Höhe der Abstandhalter maßgebend. Zur Unterscheidung von den Nennmaßen wird das gewählte *Verlegemaß* mit *nom* c_v bezeichnet (Bild 22).

Das Nennmaß ist der statischen Berechnung zugrundezulegen. Verlegemaß nom c_v und Mindestmaß min c sind auf den Bewehrungszeichnungen anzugeben. Die Mindest- und Nennmaße der Tafel 38 sind zu vergrößern, wenn das Größtkorn des Zuschlags über 32 mm liegt oder der noch nicht hinreichend erhärtete Beton mechanisch beansprucht wird (z. B. durch Gleit- oder Kletterschalung). Bei besonders dicken Bauteilen und bei Betonoberflächen, die gesandstrahlt, gewaschen oder steinmetzmäßig bearbeitet oder durch Verschleiß stark abgenutzt werden, ist die Betondeckung ebenfalls angemessen zu vergrößern. Dabei ist die Betondeckung um das Maß der Bearbeitungstiefe und verursachten Gefügestörung zu erhöhen. Auch aus Gründen des Brandschutzes können größere Betondeckungen erforderlich sein. Ähnliches gilt bei Schalungsabsätzen, Schattenfugen und stark profilierten Oberflächen. Die Mindestüberdeckung muß auch hinter Strukturvertiefungen sicher gewährleistet sein (Bild 23a).

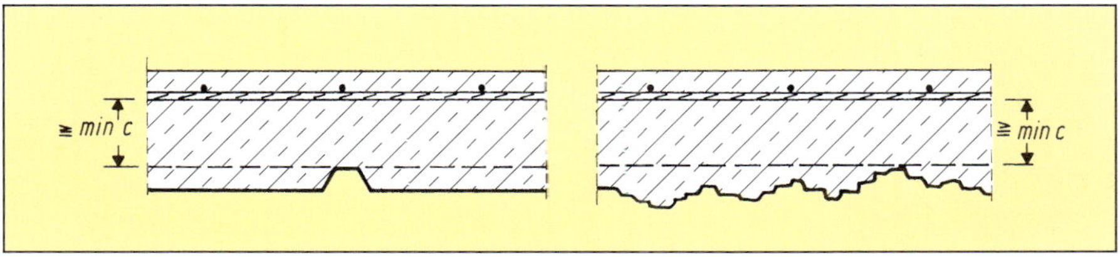

Bild 23a: Betondeckung im Bereich veränderlicher oder stark profilierter Betonquerschnitte

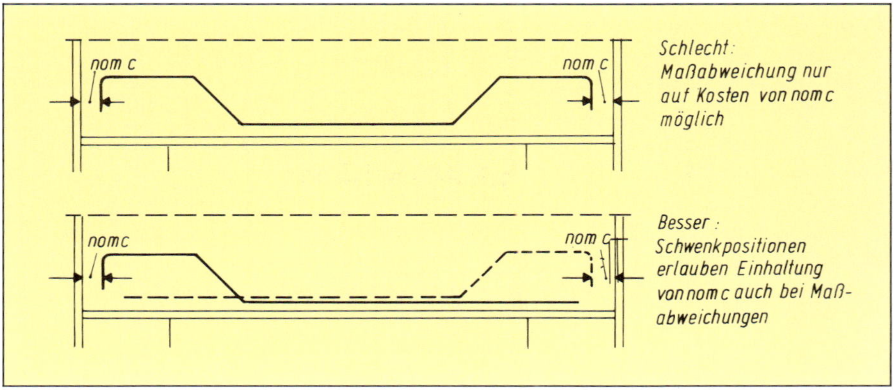

Bild 23b: Unabhängigkeit der Betondeckung von der Maßgenauigkeit der Bewehrung durch Vermeiden von Paßlängen

Die Bewehrung von Gasbetonbauteilen und haufwerksporigem Beton muß immer mit einem dauerhaften Korrosionsschutzüberzug versehen sein.

Wird ein Stahlbetonbauteil unmittelbar auf dem Baugrund hergestellt (z. B. Fundamentplatte), so ist vor dem Verlegen der Bewehrung i. d. R. eine mindestens 5 cm dicke Betonschicht (Sauberkeitsschicht) einzubauen.

9.5 Maßnahmen zur Sicherung der Betondeckung

Die Lagesicherung der Bewehrung und die Einhaltung der Betondeckung erfordern Hilfsmittel. Sie kommen jedoch nur dann ausreichend zur Wirkung, wenn auch die Bewehrung selbst einige wichtige Voraussetzungen erfüllt:

- beim Ablängen und Biegen der Bewehrungsstäbe ist auf Maßgenauigkeit zu achten. Dies gilt besonders für Biegeformen mit Paßlängen, die innerhalb der Schalung nicht verschoben werden können, ohne daß an einer Seite die Betondeckung beeinträchtigt wird (Bild 23b)

- bei Stabverbindungen ist eine fachgerechte Befestigung der Längsstäbe in den Bügelecken mit Bindedraht besonders wichtig (Bild 24)
- die Verwendung federnder Patentklemmen ist nur für untergeordnete Zwecke zu empfehlen. Optimale Steifigkeit ergibt sich beim Einsatz von Bügelkörben aus gebogenen Betonstahlmatten, insbesondere, wenn sie geschweißt sind
- Mattenstöße und Bügelschlösser sind so zu sichern, daß abstehende Stabenden nicht in den Bereich der Betondeckung hineinragen (Bild 25).

Bild 24: Befestigung der Bügel mit Bindedraht

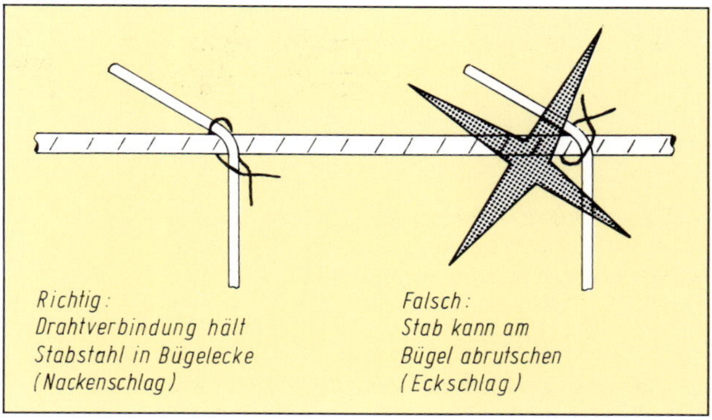

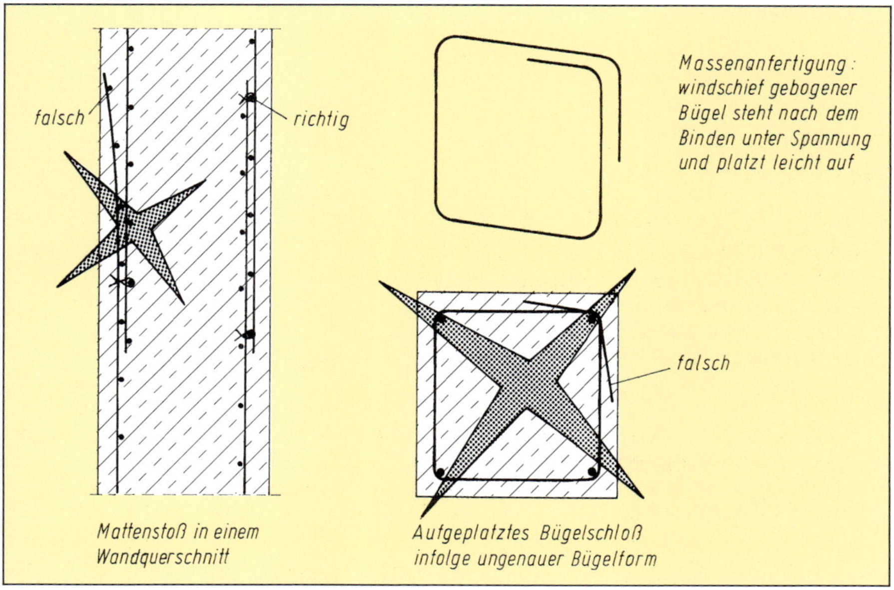

Bild 25: Betondeckung an Mattenstößen und Bügelschlössern

Faserzement mit Drahtverbinder, geeignet als Abstandhalter für senkrecht und waagerecht verlaufende Stäbe, gewährleistet wahlweise zwei verschiedene Überdeckungsmaße (durch 90°-Drehung)

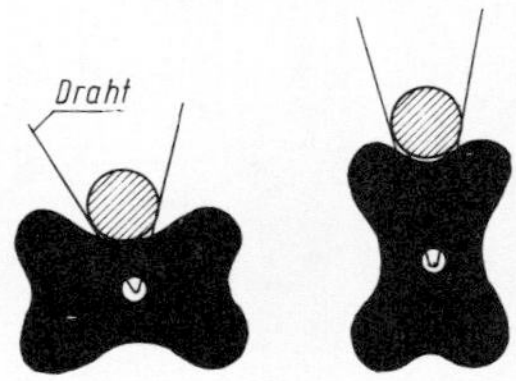

▶▶ Faserzement zur Sicherung der Überdeckung in Schalungsecken

▶ Faserverstärkter Zementmörtel mit Kunststoffklemme

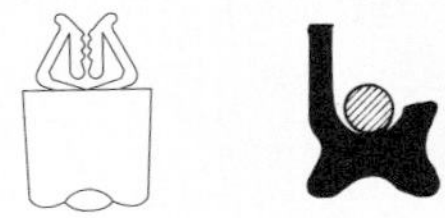

Betonabstandhalter mit Rödeldraht bzw. Stahlklemme

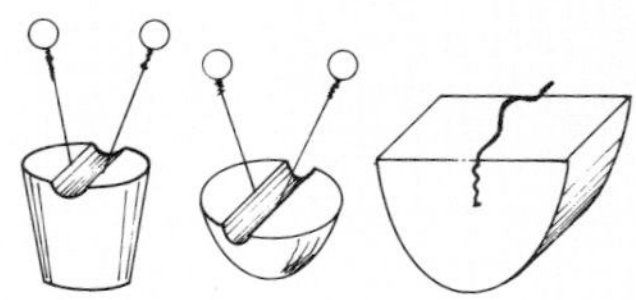

Faserbewehrter Beton mit Stahlklemme zur Abstandsicherung von Kreuzungspunkten der Bewehrung, speziell von Matten

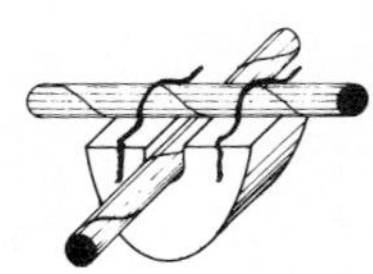

Stahl mit Kunststoffummantelung als Abstandhalter für Betonwände mit Doppelbewehrung, ersetzt gleichzeitig S-Haken; drei wählbare Betondeckungen (20, 30, 40 mm)

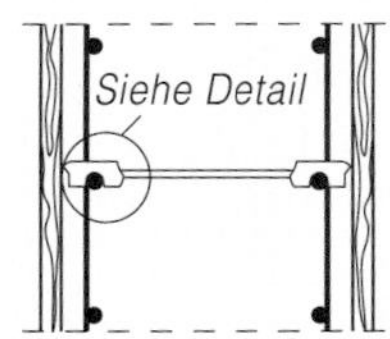

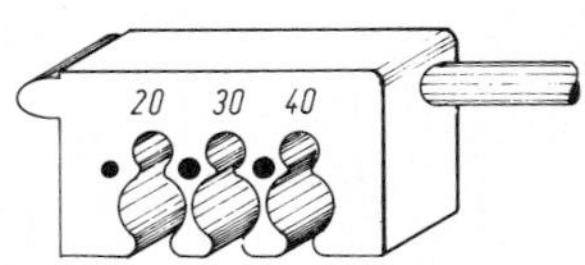

Vierkant-, Dreikant-, Rund-Stabprofil aus faserbewehrtem Zement-Mörtel als durchlaufende Abstandsicherung für die Unterseite von Balken- oder Deckenbewehrungen, in senkrechter Einbaulage mit Befestigungshaken, als Abstandhalter für Wand- und Stützenbewehrung geeignet

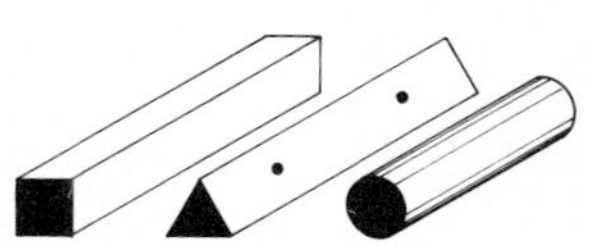

Bogen- und s-förmig geformte Dreikant- und I-Stabprofile für strichförmige Auflage bzw. gute Einbindung im Beton

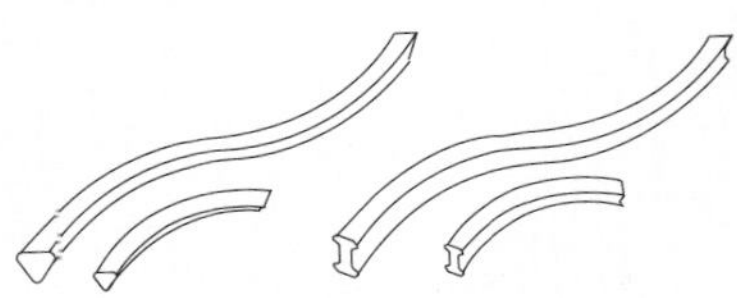

Bild 26: Abstandhalter, Anwendungsformen

Tafel 39: Abstandhalter-Richtwerte für Anzahl und Anordnung nach Merkblatt Betondeckung

Erläuterungen:

nom c_v [cm] Verlegemaß der Betondeckung gemäß Bewehrungszeichnung

Punktförmige Abstandhalter:

z.B. Klötzchen, Rädchen
Stehbügel
U – Haken
S – Haken

Linienförmige Abstandhalter: z.B. Unterstützungskorb

Platten

Punktförmige Abstandhalter
z.B. Stehbügel

auf der unteren Bewehrung stehend (siehe Detail 1)

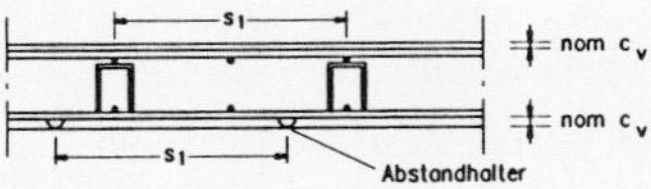

Stabdurchmesser für Stehbügel	
Plattendicke d	Stabdurchmesser
bis 15 cm	ø 8 mm
15 bis 30 cm	ø 12 mm
30 bis 50 cm	ø 14 mm
über 50 cm	Sonderlösung

Linienförmige Abstandhalter
z.B. Unterstützungskörbe

auf der unteren Bewehrung stehend — auf der Schalung stehend

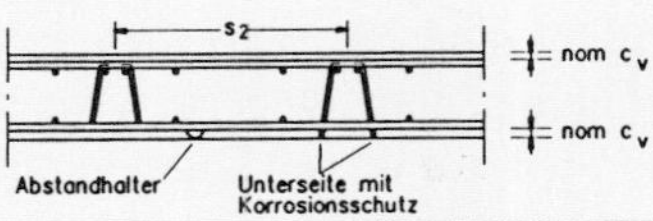

Abstände der Abstandhalter				
ø Tragstäbe	Punktförmige Abstandhalter		Linienförmige Abstandhalter	
	max s_1	Stück/m²	max s_2	lfdm/m²
bis 6 mm	50 cm	4	50 cm	2
8 bis 14 mm	50 cm	4	50 cm	1,4
über 14 mm	70 cm	2	70 cm	1

Balken
Stützen

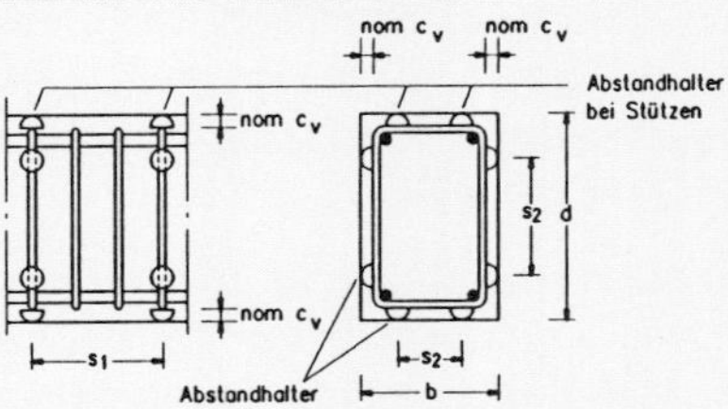

Abstände der Abstandhalter	
in Längsrichtung	
ø Längsstäbe	max s_1
bis 10 mm	50 cm
12 bis 20 mm	100 cm
über 20 mm	125 cm
in Querrichtung	
b bzw. d	Anzahl
bis 100 cm	2 Klötzchen
über 100 cm	3 u. mehr max s_2 = 75 cm

Wände

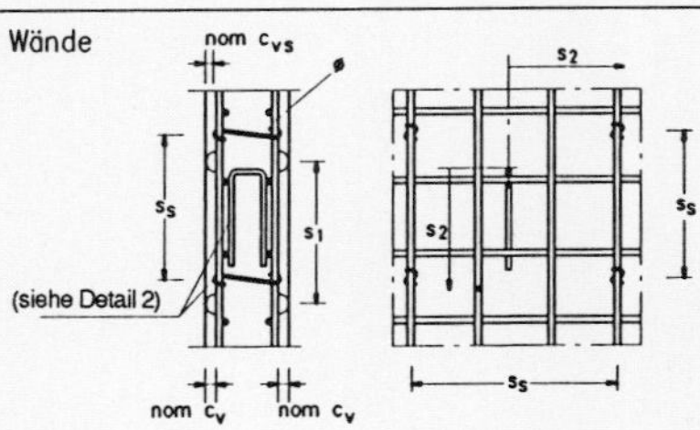

Abstände und Anzahl der Abstandhalter						
ø Tragstäbe	Abstandhalter		S-Haken		Montagebügel	
	max s_1	Stück je m² Wand 1)	max s_S	Stück je m² Wand	max s_2	Stück je m² Wand
bis 8 mm	70 cm	4	/	/	100 cm	1
10 bis 14 mm	100 cm	2	/	/		
über 14 mm	100 cm	2	50 cm	4		

1) und je Wandseite

Detail 1:

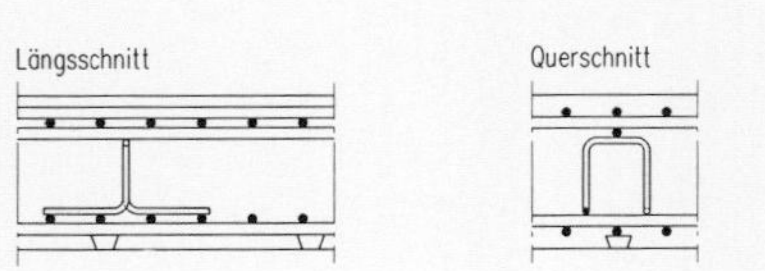

Platten, Stehbügel auf der unteren Bewehrung stehend

Detail 2:

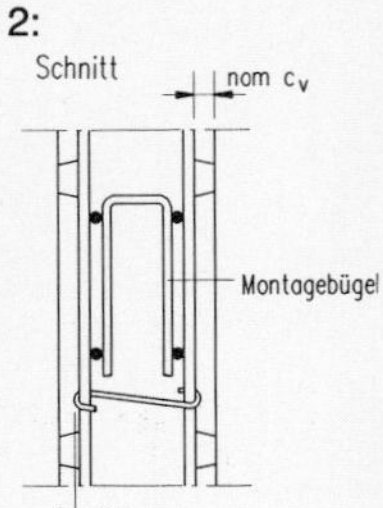

Wände,
Montagebügel,
S-Haken

Abstandhalter

Abstandhalter müssen in ihrer Dicke dem Verlegemaß nom c_v entsprechen und müssen so geformt sein, daß sie sich nicht in die Schalung eindrücken. Sie dürfen beim Einbauen und Verdichten des Betons ihren festen Sitz nicht verlieren.

Abstandhalter gibt es aus Beton, faserbewehrtem Mörtel und Hart-PVC, für besondere Einsatzzwecke auch aus Stahl, der an den Enden mit Kunststoffkappen bzw. -formteilen ummantelt ist. Es wird in Einzel-Abstandhalter zur punktuellen und stabförmige Abstandhalter zur linearen Abstützung der Bewehrung unterschieden.

Die Typenvielfalt ist so groß geworden, daß ein Gesamtüberblick kaum noch möglich ist. Die Beispiele in Bild 26 zeigen einige Anwendungsformen.

Die in der Praxis bisher häufig angewendeten stern- oder ringförmigen Kunststoff-Abstandhalter sind mit besonderer Sorgfalt zu montieren und kontrollieren, da sie bei zu großem Lochdurchmesser leicht umknicken oder ganz abspringen. Kunststoff-Abstandhalter sind bei Warmbehandlung und hohem Stahlgewicht nicht geeignet, bei chemischem Angriff wegen der Gefahr der Wasser- und Gasumläufigkeit nur bei besonderer Formgebung.

Die Anzahl der erforderlichen Abstandhalter richtet sich im wesentlichen nach der Steifigkeit der Bewehrung und der Zahl ihrer möglichen Berührungspunkte mit der Schalungshaut. Anhaltswerte, die aufgrund von Baustellenerfahrungen ermittelt wurden, sind in Tafel 39 wiedergegeben.

Eine hohe Zahl von Abstandhaltern allein genügt nicht, sie müssen innerhalb der Schalung richtig verteilt werden. Zusätzliche Abstandhalter sollten stets dort angebracht werden, wo die Bewehrung beim Betoneinbau stärkeren Belastungen ausgesetzt wird. Das gleiche gilt bei Änderungen des Schalungsquer-

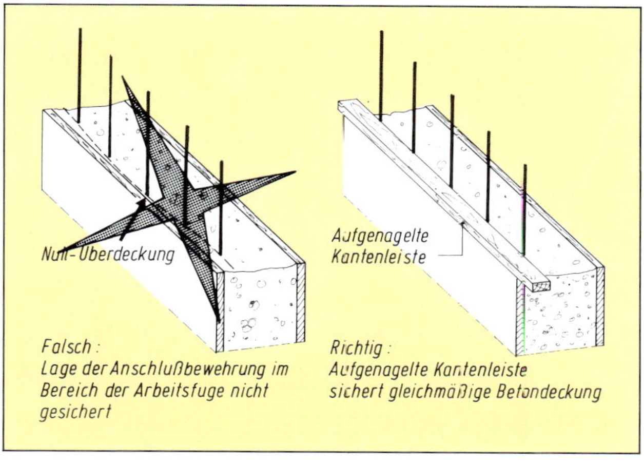

Bild 27: Sicherung der Betondeckung von Anschlußbewehrung

Bild 28: Ungenaue Höhenlage der Anschlußbewehrung führt beim Einbau zu schwerwiegenden Überdeckungsmängeln im angrenzenden Ortbetonbereich

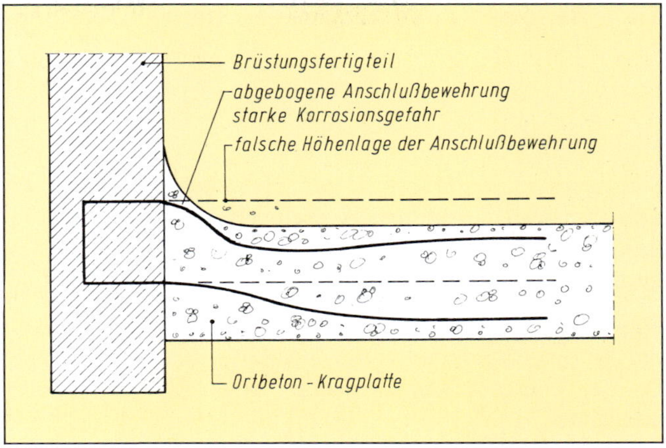

schnitts, wo die Bewehrung bei geringfügiger vertikaler oder horizontaler Verschiebung unerwünschten Schalungskontakt erhalten kann.

Werden Stützen oder Wände in geschoßweisen Abschnitten betoniert, ist durch besondere Maßnahmen sicherzustellen, daß die Anschlußbewehrung in Höhe der Arbeitsfuge die gleiche Betondeckung erhält wie im darunterliegenden geschalten Bereich (Bild 27).

Stahlbeton-Fertigteile, die in Ortbeton-Konstruktionen einbetoniert werden sollen, müssen besonderen Genauigkeitsansprüchen an die zeichnungsgerechte Lage der herausragenden Anschlußbewehrung genügen. Diese ist bereits bei der Herstellung durch Kontrollschablonen zuverlässig zu sichern. Bereits geringe Höhen- bzw. Seitenabweichungen können ausreichen, die Mindestüberdeckung der Anschlußbewehrung im Ortbeton zu unterschreiten (Bild 28).

10 Besondere Anwendungsgebiete

10.1 Sichtbeton

Sichtbeton ist ein Beton, dessen Oberflächen gestalterische Funktionen erfüllen und ein vorausbestimmtes Aussehen haben. Neben DIN 1045 gilt für Sichtbeton das „Merkblatt für Ausschreibung, Herstellung und Abnahme von Beton mit gestalteten Ansichtsflächen".

Das Bild einer Sichtbetonfläche wird im wesentlichen von den Ausgangsstoffen, der Betonzusammensetzung, Schalung, Herstellung und Witterung beeinflußt. Bei der Transportbetonbestellung ist daher immer der Hinweis für Sichtbeton anzugeben.

Bei Sichtbeton sind über die in den Kapiteln 5, 6, 8 und 11 gemachten Angaben hinaus folgende zu beachten.

Auf Betonflächen zeichnen sich gelegentlich einzelne Bretter mit unterschiedlicher Farbe ab. Die Ursachen können sein:

- unterschiedliche Hydratation des Betons durch Holzinhaltsstoffe
- unterschiedliche Lagerung der Hölzer (Sonneneinstrahlung bzw. Schatten)
- unterschiedlicher Einschlag der Hölzer
- unterschiedliche Saugfähigkeit des Holzes.

Die sogenannte Marmorierung entsteht nur bei vorbehandelten, nicht saugenden Schalungen. Dabei werden örtlich unterschiedliche Wassergehalte geschaffen, die zu hellen bzw. dunklen Flecken führen (ein niedriger Wassergehalt verursacht eine dunkle, ein höherer Wassergehalt eine hellere Oberfläche). Diese Art der Fleckenbildung tritt insbesondere bei steifen Betonen auf. Bei weichen Betonen besteht dagegen die Gefahr der Netzrißbildung.

Verfärbungen an der Betonoberfläche können auch durch Äste in einer saugenden Schalungshaut entstehen. Im Bereich des Astes wird die Oberfläche des Betons entweder dunkel, dann handelt es sich um einen Ast, der mehr Wasser aus der Oberfläche des Betons absaugt als seine Umgebung, oder hell, wenn der Ast verharzt ist und somit kein Wasser absaugen kann.

Ursachen von Luftblasen an der Betonoberfläche (Lunker) sind

- zu geringes Rütteln bei sehr zähem, feinem Mörtel (Konsistenz KR oder KF günstig)
- zu hohe Betonierschichten (Schichthöhe etwa 30 cm)
- eine ölige Schalungshaut, an der die durch das Rütteln nach außen gedrängten Luftblasen wegen der großen Adhäsion nicht aufsteigen können (abtrocknendes Trennmittel, z. B. Schalwachs, günstig).

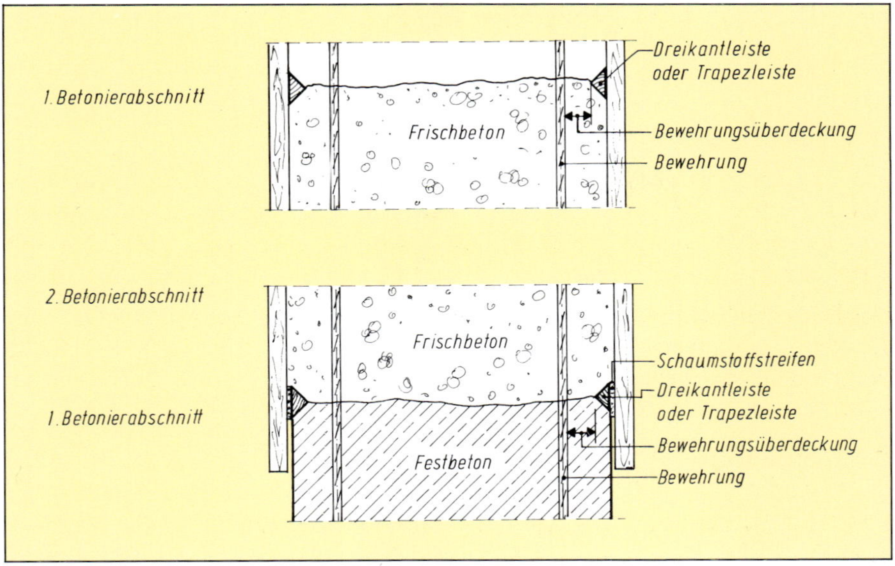

Bild 29: Gestaltung von Arbeitsfugen

Das zu verwendende Material für die Verankerung und die Anordnung der Anker sind der architektonischen Wirkung anzupassen. Bei Schalungsspreizen aus Kunststoff sollte man daran denken, daß sich diese Spreizen beim Anspannen der Anker in weiches Holz eindrücken und nachher an der Betonoberfläche sichtbar sind. Das Schließen der Spreizenlöcher mit Kunststoffpfropfen ergibt Farbunterschiede auf der Betonoberfläche (s. auch Bild 17).

Arbeitsfugen sollten bei Sichtbetonflächen möglichst vermieden werden. Ist dies nicht möglich, werden diese Fugen entweder mit in die Gestaltung einbezogen und durch in die Schalung eingelegte Leisten hervorgehoben (Bild 29), oder sie werden geschickt „versteckt", indem sie z. B. in Gebäudeecken oder in strukturierten Flächen angeordnet werden (Bild 30).

Bei Anschlüssen, Ecken und an Stößen größerer vorgefertigter Schalelemente sind Dichtungsstreifen einzulegen.

Bei Außenwandflächen ohne Nut sollte außen keine Arbeitsfuge sichtbar werden. Hier ist es nötig, eine lotrechte Absperrung aus Streckmetall o. ä. im mittleren Bereich der Wand aufzustellen (Bild 31).

Die handwerklichen Fähigkeiten der Einbaukolonne sind mitentscheidend für das Gelingen eines Sichtbetons. Neben Schwankungen in der Betonzusammensetzung bedeutet auch eine Unterbrechung des Betoniervorganges bei nicht stark saugender Schalungshaut stets einen Farbunterschied. Die üblichen Frühstücks- und Mittagspausen sind bei Sichtbeton zu überbrücken. Unterbrechungen bei

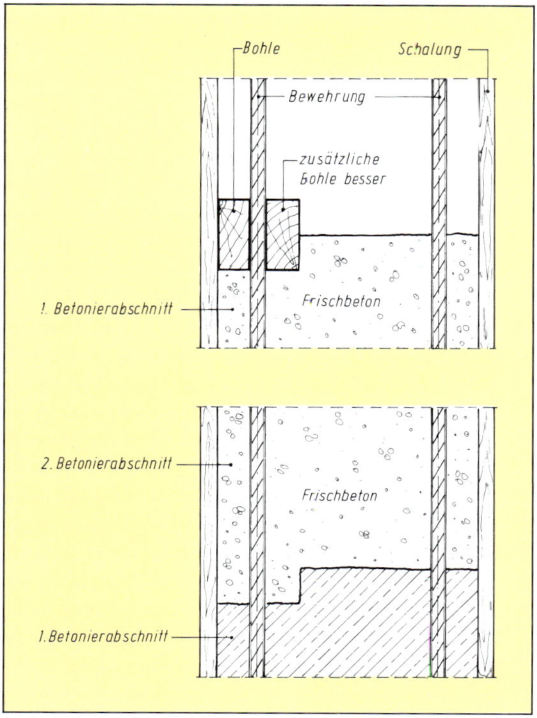

Bild 30: Abschalung von Arbeitsfugen

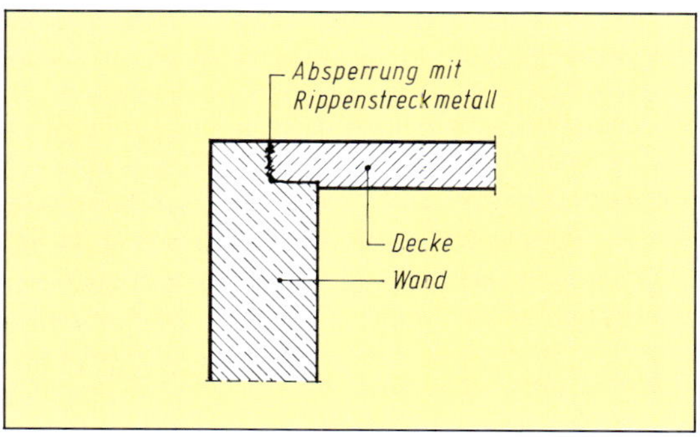

Bild 31: Arbeitsfuge zwischen Wand und Decke

der Anlieferung von Transportbeton führen ebenfalls zu Fehlstellen und Farbunterschieden.

Nicht alle Nachbehandlungsmaßnahmen sind für Sichtbeton geeignet. Wasser auf jungen Betonflächen verursacht Ausblühungen. Deshalb muß um Sichtbetonflächen ein Feuchtraum geschaffen werden, in dem keine Luft bewegt wird und in dem sich kein Wasser an der Betonoberfläche sammeln kann. Sichtbetonwände sollten nicht vor oder bei stärkeren Niederschlägen entschalt werden.

Rostet die Anschlußbewehrung, verursacht das bei Regen herunterlaufende Wasser Verfärbungen an den Sichtbetonflächen. Deshalb ist die herausstehende Bewehrung z. B. mit Zementleim vor Rost zu schützen. Vor dem Weiterbetonieren muß dieser wegen des Verbundes wieder beseitigt werden. Andere Maßnahmen sind Einpacken in Folie oder Aufsetzen einer Haube aus folienbespannten Lattengerüsten. Diese Arbeiten sind im Vergleich zum Aufwand beim Entfernen von Rost auf Sichtbetonflächen klein.

10.2 Leichtbeton

Die Anwendungsbereiche des Leichtbetons reichen vom hochwärmedämmenden Beton für raumabschließende Bauteile über den mittleren Festigkeitsbereich mit wärmedämmender und gleichzeitig konstruktiver Funktion bis zum höchsten Festigkeitsbereich des Spannbetons mit nur konstruktiven Aufgaben, jedoch gegenüber dem Normalbeton deutlich niedrigerer Rohdichte.

Konstruktiver Leichtbeton ist immer ein Beton mit geschlossenem Gefüge, der unter ausschließlicher oder teilweiser Verwendung von Leichtzuschlag hergestellt wird.

DIN 4219 enthält Angaben für die Herstellung sowie Regeln für die Bemessung und Ausführung von Bauwerken aus Leichtbeton und Stahlleichtbeton, die auch für die Ausführung von Bauwerken aus Spannleichtbeton nach DIN 4227, Teil 4 zu beachten sind. Daneben gelten auch DIN 1045 und DIN 4227. Stahlleichtbeton- und Spannleichtbetonausführungen bis einschließlich Festigkeitsklasse LB 45 unterliegen keiner bauaufsichtlichen Einschränkung, d. h. es genügt das übliche Baugenehmigungsverfahren.

Frischbetoneigenschaften

Bei der Beurteilung der Frischbetoneigenschaften von Leichtbeton ist zu beachten, daß diese wegen des wesentlich geringeren Frischbetongewichtes von denen des Normalbetons abweichen. Die Frischbetonrohdichte ist u. a. abhängig vom Wassersättigungsgrad der Leichtzuschläge. Wassergesättigter Leichtzuschlag bewirkt bei gleicher Konsistenz eine um etwa 0,1 bis 0,2 kg/dm^3 größere Frischbetonrohdichte als trocken verarbeiteter Leichtzuschlag.

Die Konsistenz von Leichtbeton sollte im allgemeinen im mittleren Bereich von KP liegen. Bei der Konsistenz KR ist auf die Gefahr der Entmischung zu achten. Leichtbeton bleibt wegen des geringeren Gewichtes bei Schüttungen lockerer liegen als Normalbeton. Deshalb ist auch das Ausbreitmaß etwa 2 cm kleiner als bei gleich verarbeitbarem Normalbeton.

Zur Verbesserung von Zusammenhaltevermögen und Verarbeitbarkeit wird Leichtbeton meist Stabilisierer ST zugegeben. Wegen der Wasseraufnahme der Leichtzuschläge kann es bei Transportbeton – trotz entsprechendem Vorhaltemaß bei der Konsistenz – vorkommen, daß die Verarbeitbarkeit an der Baustelle nicht mehr ausreicht und Wasser zugegeben werden muß. Dadurch werden jedoch in der Regel die Festbetoneigenschaften nicht wie bei Normalbeton negativ beeinflußt.

Einbringen, Verdichten, Nachbehandeln

Leichtbeton mit geschlossenem Gefüge wird nach gleichen Grundsätzen wie Normalbeton verarbeitet. Da die Rüttelschwingung stärker gedämpft und somit die Wirkung auf einen kleineren Radius beschränkt wird, ist ein engerer Abstand der Rüttelstellen notwendig (kleiner 5fachem Rüttelflaschendurchmesser). Leichtbeton verteilt sich von selbst nur wenig, so daß die Einbringstellen in geringerem Abstand vorgesehen werden müssen.

Für die Nachbehandlung gelten die gleichen Regeln wie für Normalbeton. Die Oberfläche ist vor zu schnellem Austrocknen zu schützen, weil sonst ein großes Feuchtigkeitsgefälle zwischen Kern und Außenzone auftritt, das zur vermehrten Bildung von Netzrissen führen kann.

Eine störungsfreie Förderung von Leichtbeton im Pumpbetrieb, insbesondere bei Rohdichten unter 1,6 kg/dm^3, ist schwierig.

Leichtbeton wird durch die Hydratationswärme des Zements infolge der geringeren Masse und damit geringeren Wärmekapazität bei gleichem Zementgehalt stärker erwärmt als Normalbeton. Ferner verzögert seine niedrigere Wärmeleitfähigkeit den Wärmeabfluß. Dadurch entsteht eine große Temperaturdifferenz im Querschnitt. Da andererseits die Wirkung der größeren Temperaturdifferenz durch die kleinere Temperaturdehnung und den niedrigeren Elastizitätsmodul abgemindert wird, kann die Anordnung von Bauwerksfugen wie bei Normalbeton gewählt werden.

Eigenschaften des Festbetons

Neben der Druckfestigkeit ist die Trockenrohdichte ein weiteres wesentliches Gütemerkmal des Leichtbetons. Er wird deshalb außer in Festigkeitsklassen (Tafel 40) zusätzlich auch in Rohdichteklassen (Tafel 41) eingestuft. Festigkeit und Rohdichte hängen unmittelbar voneinander ab und sind nicht frei wählbar (Tafel 40).

Die Betondeckung der Bewehrung bei Stahlleichtbeton ist nicht nur von den Umweltbedingungen und dem Stabdurchmesser, sondern auch vom Größtkorn des Leichtzuschlages abhängig (Tafel 42).

Leichtbeton kann auch wasserundurchlässig hergestellt werden. Liegen Umweltbedingungen nach Zeile 3 oder 4 der Tafel 38 vor, so darf bei Stahlleichtbeton die Wassereindringtiefe nicht mehr als 5 bzw. 3 cm betragen.

Der Nachweis der Druckfestigkeit wird stets an 6 Würfeln bei den auch für Normalbeton gültigen Mengenkriterien geführt (s. Kapitel 7). An jedem abgedrück-

Tafel 40: Festigkeitsklassen und Trockenrohdichte

Betongruppe	Festigkeitsklasse des Leichtbetons	Nennfestigkeit β_{WN} [N/mm^2]	Serienfestigkeit β_{WS} [N/mm^2]	Anwendung		Trockenrohdichte ϱ_{od} [kg/dm^3] mit Natursand	Trockenrohdichte ϱ_{od} [kg/dm^3] mit Leichtsand
Leichtbeton B I[1]	LB 8	8	11	Nur für unbewehrte Bauteile und bewehrte Wände	Nur bei vorwiegend ruhenden Lasten	–	ab ca. 0,95
	LB 10	10	13			ab ca. 1,35	ab ca. 1,15
	LB 15	15	18	Unbew. Leichtbeton u. Stahlleichtbeton		ab ca. 1,45	ab ca. 1,25
	LB 25[2]	25	29	Unbewehrter Leichtbeton, Stahlleichtbeton und Spannleichtbeton	Auch bei nicht vorwiegend ruhenden Lasten	ab ca. 1,55	ab ca. 1,35
Leichtbeton B II	LB 35	35	39			ab ca. 1,65	ab ca. 1,45
	LB 45	45	49			ab ca. 1,70	ab ca. 1,55
	LB 55[3]	55	59			ab ca. 1,75	–

[1] stets mit Eignungsprüfung

[2] als Spannleichtbeton unter den Bedingungen für Beton B II

[3] Zustimmung im Einzelfall oder Zulassung entsprechend den bauaufsichtlichen Vorschriften erforderlich.

Tafel 41: Rohdichteklassen

Rohdichteklasse	Trockenrohdichte ϱ_{od} bei 105 °C nach 28 Tagen [kg/dm^3]	Berechnungsgewicht unbewehrt [kg/dm^3]	Berechnungsgewicht bewehrt [kg/dm^3]
1,0	0,80...1,00	1,05	1,15
1,2	1,01...1,20	1,25	1,35
1,4	1,21...1,40	1,45	1,55
1,6	1,41...1,60	1,65	1,75
1,8	1,61...1,80	1,85	1,95
2,0	1,81...2,00	2,05	2,15

ten Würfel oder an Bruchstücken aus dem Kern und aus den Randzonen jedes Würfels wird die Trockenrohdichte bestimmt. Das Feuchthalten der Probekörper in den ersten 7 Tagen darf nicht durch Unterwasserlagerung erfolgen.

10.3 Schaumbeton (Porenleichtbeton)

Schaumbeton unterscheidet sich von Porenbeton in der Herstellung nur dadurch, daß die etwa gleichartigen Poren durch Schaumbläschen erzeugt werden. Diese können auf zwei Wegen in den Mörtel eingebracht werden:

- durch Zugabe von Schaum- (oder Luftporen-)bildnern beim Mischen in schnellaufenden Zwangsmischern. Es können dadurch maximal etwa 30%

Tafel 42: Mindestmaße[4] min c für die Betondeckung der Bewehrung in cm

<table>
<tr><th rowspan="2">Umwelt-bedin-gungen n. Tab. S. 39/40</th><th rowspan="2">Festigkeitsklasse des Leichtbetons</th><th rowspan="2">Stab-durch-messer d_s [mm]</th><th colspan="3">Größtkorndurchmesser d_g des Leichtzuschlags [mm]</th></tr>
<tr><th>bis 8</th><th>bis 16</th><th>bis 25</th></tr>
<tr><td rowspan="5">1</td><td>LB 8 bis LB 15</td><td rowspan="2">bis 16</td><td colspan="2">2,0</td><td rowspan="3">2,5</td></tr>
<tr><td>≥LB 25</td><td>1,5[1)]</td><td>2,0</td></tr>
<tr><td rowspan="3">≥LB 15</td><td>bis 20</td><td colspan="2">2,0</td></tr>
<tr><td>25</td><td colspan="3">3,5</td></tr>
<tr><td>28</td><td colspan="3">4,0</td></tr>
<tr><td rowspan="4">2</td><td>LB 8 bis LB 15[2)]</td><td rowspan="2">bis 20</td><td colspan="2">2,5</td><td rowspan="2">2,5</td></tr>
<tr><td>≥LB 25</td><td colspan="2">2,0</td></tr>
<tr><td rowspan="2">≥LB 15</td><td>25</td><td colspan="3">3,5</td></tr>
<tr><td>28</td><td colspan="3">4,0</td></tr>
<tr><td rowspan="4">3</td><td>LB 8 bis LB 15[2)]</td><td rowspan="2">bis 20</td><td colspan="3">3,0</td></tr>
<tr><td>≥LB 25</td><td colspan="3">2,5</td></tr>
<tr><td rowspan="2">≥LB 15</td><td>25</td><td colspan="3">3,5</td></tr>
<tr><td>28</td><td colspan="3">4,0</td></tr>
<tr><td rowspan="3">4</td><td>LB 8 bis LB 15[2)]</td><td>bis 28</td><td colspan="3">4,0[3)]</td></tr>
<tr><td rowspan="2">≥LB 25</td><td>25</td><td colspan="3">3,5[3)]</td></tr>
<tr><td>28</td><td colspan="3">4,0[3)]</td></tr>
<tr><td>1 bis 4</td><td>≥LB 15</td><td>$d_{sV} > 25$</td><td colspan="3">$1,5 \cdot d_{sV}$</td></tr>
<tr><td colspan="6">werkmäßig hergestellte Fertigteile</td></tr>
<tr><td rowspan="3">2</td><td>LB 8 bis LB 25[2)]</td><td>bis 20</td><td colspan="2">2,0</td><td rowspan="3">2,5</td></tr>
<tr><td rowspan="2">≥LB 35</td><td>bis 16</td><td>1,5[1)]</td><td>2,0</td></tr>
<tr><td>20</td><td colspan="2">2,0</td></tr>
<tr><td rowspan="2">3</td><td>LB 8 bis LB 25[2)]</td><td rowspan="2">bis 20</td><td colspan="2">2,5</td><td rowspan="2">2,5</td></tr>
<tr><td>≥LB 35</td><td colspan="2">2,0</td></tr>
<tr><td rowspan="4">4</td><td>LB 8 bis LB 25[2)]</td><td>bis 25</td><td colspan="3">3,5[3)]</td></tr>
<tr><td rowspan="3">≥LB 35</td><td>bis 20</td><td colspan="3">3,0[3)]</td></tr>
<tr><td>25</td><td colspan="3">3,5</td></tr>
<tr><td>28</td><td colspan="3">4,0</td></tr>
</table>

1) Bei geschweißten Betonstahlmatten aus Einzelstäben $d_s > 8,5$ mm oder aus Doppelstäben $d_s > 6,5$ mm mindestens 2,0 cm.

2) Bei LB 8 und LB 10 ist der Stabdurchmesser auf $d_s \leq 16$ mm begrenzt.

3) Mit Rücksicht auf die Ausgabe 07.88 der DIN 1045 wird empfohlen, diese Maße um 0,5 cm zu erhöhen.

4) Vorhaltemaß $\Delta c = 1,0$ cm einhalten (Abschnitt 9.4).

Poren erzeugt werden, die meist recht grob und relativ instabil sind. Die genaue Porendosierung ist problematisch

- durch Zugabe von getrennt vorgefertigtem Schaum.

Schaumbeton hat eine weiche und fließfähige Konsistenz. Bei Rohdichten zwischen 0,4 und 1,6 kg/dm³ ergeben sich Festigkeiten etwa zwischen 2,0 und 16 N/mm². Er wird in der Regel als Transportbeton geliefert, mit üblichen Betonpumpen gefördert und ohne Verdichtung eingebracht. Die Nachbehandlung kann meist entfallen.

Schaumbeton wird als Füllmaterial, in Lastverteilungs- oder Schutzschichten und als wärmedämmende Zwischenlagen eingesetzt:

- im Kanal- und Tiefbau als Füllmaterial, z. B. für stillgelegte Abwasserkanäle
- im Hochbau als Wärmedämmung, als Ausgleichs- oder nachträgliche Gefällebetone, z. B. bei der Altbausanierung
- im Industrie- und Sporthallenbau sowie im Straßen- und Tiefbau als Unterbeton bzw. Tragschicht.

10.4 Schwerbeton

Schwerbeton wird verwendet zur Abschirmung von Strahlen, die auf Organismen schädigend wirken. Die Strahlenquellen – Isotopenträger und Röntgengeräte – müssen daher von einem Strahlenschutzschild umgeben sein, der sie auf ein unschädliches Maß abschwächt. Hierzu eignet sich Beton besonders gut, da er gleichzeitig strahlenschutztechnische sowie tragende und raumabschließende Funktionen übernehmen kann. Es sind Rohdichten bis etwa 6 t/m³ erreichbar.

Die Bemessung auf Strahlenabsorption ergibt i. a. recht beträchtliche Querschnittsabmessungen, so daß auch bei niedrig festgesetzten zulässigen Beanspruchungen große äußere Lasten aufgenommen werden können. Verwendet werden die Betonfestigkeitsklassen B 25 und B 35. Da auf Rissefreiheit bei Strahlenschutzkonstruktionen besonders Wert gelegt wird, ist ein günstiges Verhältnis von Zug- zu Druckfestigkeit anzustreben. Eine Zugfestigkeit unter 3 N/mm² sollte nicht zugelassen werden.

Strahlenschutzbeton muß dicht sein, da Luftporen infolge ungenügender Verdichtung oder verdunstetem Überschußwasser die Absorptionseigenschaften stark herabsetzen. Außerdem werden besondere Zuschläge verwendet, um zum einen die hohen Rohdichtewerte, zum anderen die Absorptionseigenschaften zu erreichen (Tafel 43).

Schalung und Rüstung sind für den höheren Schalungsdruck auszulegen. Das gleiche gilt auch für Zuschlagboxen. Ebenso ist die höhere Dichte bei der Füllung von Mischern und Transportgefäßen zu berücksichtigen.

Bei der Schalung sind Ankerstäbe in Hülsen unvorteilhaft, da die nach dem Ziehen vorhandenen Öffnungen nur sehr schwierig mit Schwermörtel zu ver-

Tafel 43: Zuschläge und Zusatzstoffe für Strahlenschutzbeton

Stoffgruppe	Kornrohdichte kg/dm³
Normalzuschlag	
Kiessand	2,6 bis 2,7
Gebrochener Kalkstein	2,6 bis 2,8
Gebrochener Granit	2,6 bis 2,8
Gebrochener Basalt	2,9 bis 3,1
Natürliche Schwerzuschläge	
Baryt (Schwerspat)	4,0 bis 4,3
Ilmenit (Titaneisenstein)	4,6 bis 4,7
Magnetit (Magneteisenstein)	4,6 bis 4,8
Hämatit (Roteisenstein)	4,7 bis 4,9
Künstliche Schwerzuschläge	
Schwermetallschlacken	3,5 bis 3,8
Ferrosilicium	5,8 bis 6,2
Ferrophosphor	6,0 bis 6,2
Stahlgranalien	6,8 bis 7,5
Stahlsand	7,5 bis 7,6
Zuschlag mit erhöhtem Kristallwassergehalt	
Limonit	3,6 bis 3,8
Serpentin	2,5 bis 2,6
Zusatzstoffe mit hohem Absorptionsquerschnitt	
Borocalcit, Colemanit	2,3 bis 2,4
Borfritte	2,4 bis 2,6
Borcarbid	2,4

schließen sind. Deshalb sollten im Beton verbleibende Ankerstäbe verwendet werden.

Schwerbeton wird am häufigsten mit Kübeln gefördert. Wegen des großen Unterschiedes in der Rohdichte zwischen Feinmörtel und gröberem Zuschlag entmischt sich Schwerbeton leichter als Normalbeton. Er sollte daher nur als steifer Rüttelbeton mit möglichst stetigem Kornaufbau (geringere Entmischungsgefahr) verwendet werden. Außerdem ist beim Einbringen die freie Fallhöhe so klein wie möglich zu halten. Eine Alternative ist die Verwendung von Ausgußbeton.

Beim Ausgußbeton ist jedoch darauf zu achten, daß das Steingerüst dicht gelagert ist und bis unter die Einbauten ansteht. Unter größeren horizontalen Einbauten muß von Hand gesetzt und gestopft werden. Das Fließvermögen des Mörtels und das Einpressen sind so zu wählen, daß alle Hohlräume im Steingerüst sicher gefüllt werden können.

Die Verdichtungswilligkeit günstig zusammengesetzter Schwerbetone ist gut, der Rüttelaufwand etwas größer als bei Normalbeton. Auch beim Verdichten sollte zur Vermeidung von Entmischungen möglichst kurz bei möglichst kleinen Rüttelabständen und Eintauchtiefen gerüttelt werden. Außenrüttler können höchstens bei Beton dünner Bauglieder zur Verdichtung herangezogen werden. Arbeitsfugen sind möglichst zu vermeiden.

Zur Verhinderung von Rissen muß Schwerbeton besonders sorgfältig und ohne Unterbrechung nachbehandelt werden. Möglichkeiten sind Feuchthalten, Verlängern der Ausschalfristen, Aufbringen von Nachbehandlungsfilmen oder Abdecken mit Folien. Eine Kombination dieser Verfahren - z. B. Nachbehandlungsfilm und feuchte Jutebahnen - kann nützlich und erforderlich sein. Nachbehandlung ausschließlich durch Feuchthalten sollte mindestens 14 Tage dauern.

10.5 Massenbeton

Unter Massenbeton wird Beton für massige Bauteile, wie z. B. Stützmauern, Gründungssohlen, Brückenpfeiler und Schleusenkammerwände, verstanden. Im allgemeinen werden hierzu Bauteile gezählt, deren kleinste Abmessung 1 m übersteigt. Aber auch bei Bauteildicken ab 0,40 m sind u. U. die Besonderheiten des Massenbetons zu berücksichtigen. Die Betondruckfestigkeit spielt hier häufig eine nachgeordnete Rolle; wichtig dagegen sind der Widerstand gegen Witterungseinflüsse (besonders Frost) und andere physikalische und chemische Angriffe.

Besonderheiten bei Massenbeton

Besondere Bedeutung bei der Herstellung von Massenbeton kommt der *Wärmeentwicklung* und dem *Schwinden* zu.

Die bei der Betonerhärtung durch die Hydratation des Zements entstehende Wärme fließt bei massigen Bauteilen wegen der großen Abmessungen nur langsam an die Luft oder angrenzende Bauteile ab, so daß der Kern der Bauteile erheblich stärker erwärmt wird als die äußere Schale (Bild 32).

Die Temperaturunterschiede führen innerhalb des Querschnitts im Kern zu Druck- und in den Randzonen zu Zugspannungen. Zugspannungen können auch zwischen verschiedenen Bauteilen auftreten, wenn ein Bauteil als neuer Abschnitt auf einen alten betoniert wird, da der frische Beton Wärme entwickelt, während der Beton des ersten Bauabschnitts aber bereits abgekühlt und erhärtet ist.

Mit *Schwinden* wird die Volumenverkleinerung von Beton infolge Austrocknens bezeichnet. Das Austrocknen beginnt an der Außenfläche und schreitet von hier nach innen fort. Die Außenfläche will sich zusammenziehen, wird aber durch das noch nicht ausgetrocknete Innere daran gehindert.

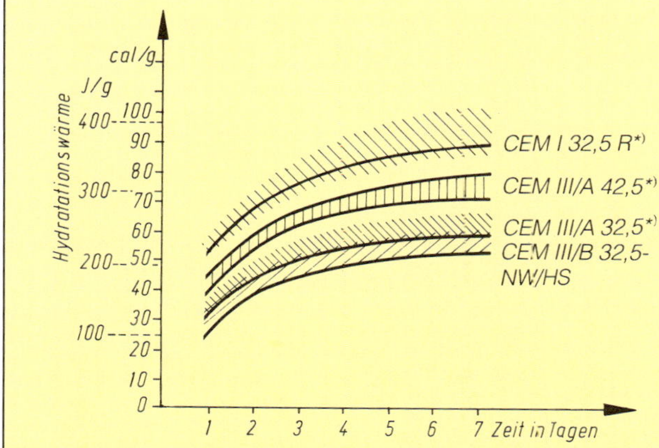

*) Der Bereich des CEM III/A 32,5 ist nach oben hin offen, da die Hydratationswärme von der Menge an Hüttensand abhängt. Der Hüttensandanteil des CEM III/A 42,5 bewegt sich in engen Grenzen, sein Bereich konnte daher abgegrenzt werden. Beim CEM I 32,5 R sind keine Sonderzemente wie z. B. CEM I 32,5 R-HS berücksichtigt.

Bild 32: Hydratationswärme verschiedener Zemente unter adiabatischen Bedingungen

Werden die Zugspannungen aus der Summe dieser Beanspruchungen (Temperatur, Schwinden) größer als die Betonzugfestigkeit, so reißt der Beton.

Rißarten und Gegenmaßnahmen

Es werden oberflächennahe Risse (Schalenrisse) und Trennrisse (Spaltrisse) unterschieden (Bild 33).

Oberflächennahe Risse entstehen – wie zuvor beschrieben – durch zu große Temperatur- und Feuchtigkeitsunterschiede zwischen Kern und Schale (innerer Zwang). Sie sind im allgemeinen wenige Zentimeter tief und schließen sich nach einigen Wochen wieder. Als Faustregel gilt: Oberflächennahe Risse treten bei

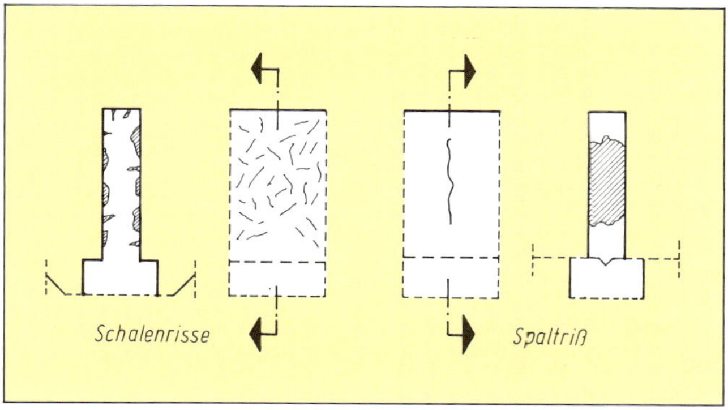

Bild 33: Rißarten nach [10]

jungem Beton häufig dann auf, wenn der Temperaturunterschied zwischen Kern und Schale 20 K überschreitet. Bei dickeren Bauteilen kann diese kritische Temperaturdifferenz wesentlich kleiner sein und bei einer Dicke über 2 m unter 15 K liegen.

Trennrisse können dann entstehen, wenn z. B. ein aufgehendes Bauteil auf ein bereits erhärtetes Fundament betoniert wird. Das aufgehende Teil erwärmt sich beim Erhärten des Betons. Beim Abkühlen will sich das später betonierte Teil zusammenziehen, wird aber durch den Verbund mit dem Fundament daran gehindert (äußerer Zwang). Trennrisse verlaufen meist senkrecht zur Kontaktfläche quer durch die gesamte Konstruktion hindurch. Die Risse beginnen kurz über dem Fundament und enden je nach Höhe des Bauteils im oberen Bereich oder laufen durch.

Die Rißgefahr kann durch betontechnologische und bautechnische Maßnahmen wie Betonzusammensetzung, Betoneinbau, sorgfältige Nachbehandlung und Anordnung von Fugen verringert werden.

Der erforderliche Fugenabstand hängt von der Frischbeton- und der Außentemperatur, den Eigenschaften der Ausgangsstoffe und des Betons (Festigkeit, E-Modul, Wärmedehnzahl, Kriechzahl) und den Bauteilabmessungen ab. Der Fugenabstand wird nach Erfahrungswerten festgelegt; er beträgt bei Wänden im allgemeinen zwischen 8 m und 4 m.

Betontechnologische und bautechnische Maßnahmen

Die Wärmeentwicklung hängt vor allem von der Hydratationswärme (Wärmetönung) des Zements und der Zementmenge je m^3 verdichteten Betons ab. Es sind u. a. folgende betontechnologische Maßnahmen erforderlich:

- Zement mit niedriger Wärmeentwicklung (übliche Anfangsfestigkeit oder NW-Zement)
- möglichst geringer Zementleimgehalt, ggf. Zugabe eines Fließmittels
- möglichst niedriger w/z-Wert (Senkung des Wassergehalts)
- Sieblinienbereich A/B oder Ausfallkörnung U/B
- möglichst großes Größtkorn, z. B. 63 mm
- möglichst niedrige Frischbetontemperatur
- Nachbehandlung, z. B. mit wärmedämmender Auflage oder Verlängerung der Ausschalfristen
- Nachweis der Druckfestigkeit möglichst nach 56 oder 90 Tagen.

Bei allen Maßnahmen zur Begrenzung des Zementgehalts ist jedoch darauf zu achten, daß die sonstigen Forderungen (Wasserundurchlässigkeit, Frostwiderstand usw.) zuverlässig erfüllt werden.

Zur schnelleren Wärmeabführung bei der Betonerhärtung sollte in kleinen Betonierabschnitten oder in Blöcken mit Zwischenraum gearbeitet werden. Eine zusätzliche, aber teure Maßnahme ist die Rohrinnenkühlung.

Weitere bautechnische Maßnahmen sind:

- zweckmäßige Bewehrungsführung und zusätzliche Rißbewehrung, eine vollständige Verhinderung durchgehender Risse durch Stahleinlagen allein ist jedoch nicht möglich
- Gründungssohlen (Sohlenplatten) möglichst eben, Versprünge vermeiden
- möglichst keine scharfen Übergänge von massigen zu dünnen Querschnitten
- Festlegung und Ausbildung von Scheinfugen
- ggf. Anordnung, Ausbildung und Dichtung von Bewegungsfugen.

10.6 Beton für Unterwasserschüttung (Unterwasserbeton)

Beton für Unterwasserschüttungen, kurz Unterwasserbeton genannt, wird so zusammengesetzt und unter Wasser eingebracht, daß Festbeton mit vorherbestimmbaren Eigenschaften entsteht. Dieser Beton (B II) muß den Anforderungen der DIN 1045 genügen, wenn er für tragende Bauteile eingesetzt werden soll.

Für die Zusammensetzung von Unterwasserbeton gilt:

- Wasserzementwert $w/z \leq 0{,}60$
- Ausbreitmaß $a = 45$ bis 48 cm oder Fließbeton
- Zementgehalt $\geq 350\ kg/m^3$ (bei Größtkorn 32 m)
- stetige Sieblinie (Bereich A/B)
- Mehlkorngehalt ausreichend groß

Auf den Mindestzementgehalt von 350 kg/m^3 darf ein Flugaschegehalt bis zu 20 Gew.-% angerechnet werden (280 kg Zement + 70 kg Flugasche). Voraussetzungen sind, daß Zement der Festigkeitsklasse 32,5 oder höher verwendet wird, bei Hochofenzement der Hüttensandgehalt ≤ 70 Gew.-% ist und die Flugasche ein Prüfzeichen besitzt. Der Wasserzementwert darf dann höchstens 0,70 betragen. Ein hoher Widerstand gegen chemische Angriffe erfordert jedoch einen wesentlich niedrigeren w/z-Wert (Tafel 10).

Die Verwendung anderer Hilfsstoffe (Bentonit, Kunststoffdispersionen) zur Verbesserung des Zusammenhalts schützt im allgemeinen nicht gegen Entmischung bei freiem Fall durchs Wasser. Es gibt jedoch heute Stoffe, die die Entmischungsneigung von Mörtel und Beton so verringern, daß ein freier Fall möglich wird (z. B. Hydrocrete-Verfahren). Die Eignung dieser Stoffe als Zusatzmittel für Beton nach DIN 1045 muß im Einzelfall nachgewiesen werden.

Einbauverfahren

Bei der Herstellung von Unterwasserbeton werden zwei Gruppen von Einbauverfahren unterschieden:

- Verfahren, bei denen fertig gemischter Frischbeton unter Wasser eingebracht wird (Betoneinbringen unter Wasser), Prinzipskizzen zeigt Bild 34, außer Kübelverfahren
- Verfahren, bei denen ein vorher eingebrachtes Grobkorngerüst unter Wasser mit Zementmörtel injiziert wird (Mörtel-Injektionsverfahren unter Wasser).

Steifer Beton der Konsistenz KS kann auch in Säcke gefüllt und unter Wasser eingebracht werden. Dadurch lassen sich z. B. Öffnungen zwischen Boden und

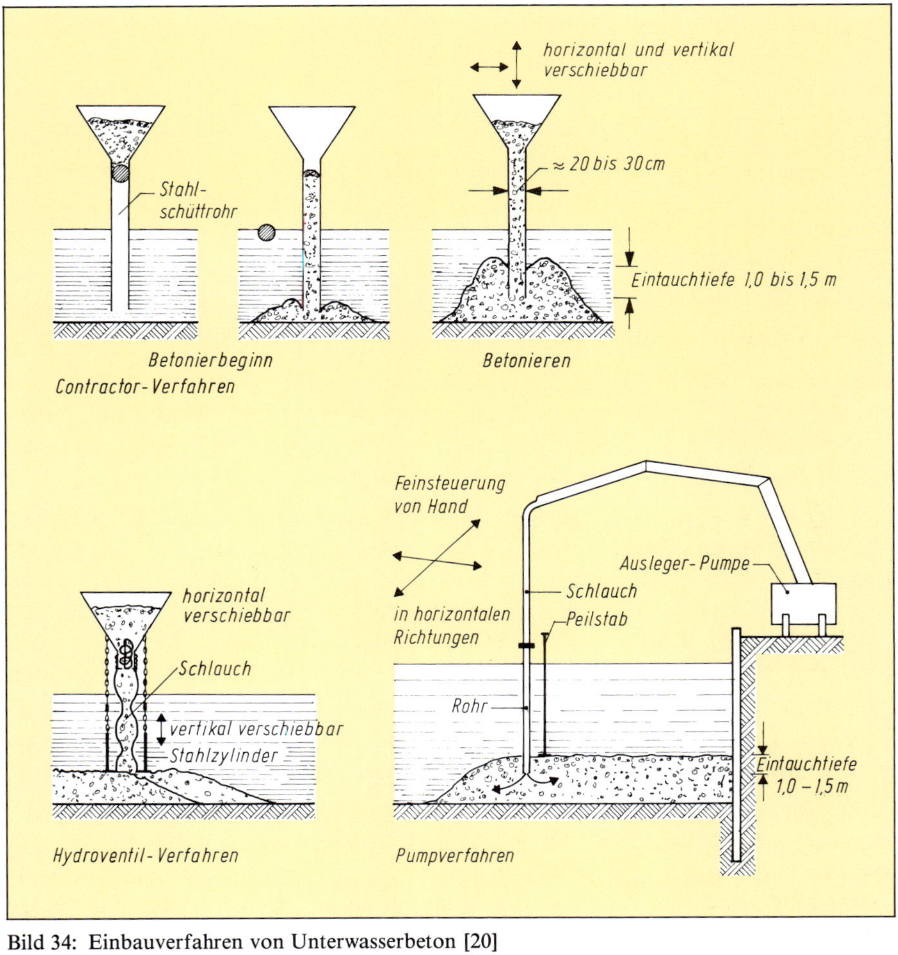

Bild 34: Einbauverfahren von Unterwasserbeton [20]

Schalung schließen, Böschungsfüße sichern und der Boden gegen Erosion durch fließendes Wasser schützen. Auch steppdeckenartige Kunststoffmatten werden unter Wasser verlegt und anschließend mit Mörtel ausgepreßt, z. B. für Uferbefestigung oder Sohlensicherung.

Im Gegensatz zu den bisher beschriebenen Verfahren wird beim Ausgußbeton zuerst eine grobe Kies- oder Steinschüttung eingebracht und anschließend mit Mörtel injiziert. Der Mörtel wird durch Rohre (∅ ~35 mm) gefördert, die ungefähr 2 m auseinanderstehen, muß sehr flüssig sein und darf sich nicht entmischen. Vom Prinzip her werden zwei Verfahren unterschieden:

Bei dem einen werden Zement, Sand und Wasser sowie ein verflüssigendes treibendes Zusatzmittel (ähnlich Einpreßhilfe EH) verwendet und die Stoffe gemeinsam gemischt (Prepakt). Bei dem anderen Verfahren erfolgt die Mischung der Bestandteile in einem hochtourigen 2-Stufen-Mischer, wobei in der ersten Stufe Zement und Wasser gemischt (Zementleim) und in der zweiten Stufe durch Hinzufügen des Sandes der Mörtel hergestellt wird (Colcrete, Tectocrete).

Hauptanwendungsgebiete für Ausgußbeton sind neben dem Unterwasserbeton (z. B. für Brückenpfeiler, Schleusensohlen) die Sanierung (z. B. Kaimauern, Flußsohlen), Dükerummantelungen (z. B. für Öl- oder Gasleitungen) und der Reaktorbau (z. B. für Schwerbeton).

Die Druckfestigkeit von Unterwasserbeton läßt sich zielsicher einhalten, die Werte können 25 N/mm^2 und mehr erreichen. Auch ein wasserundurchlässiger Beton ist möglich.

Die Ebenheit der Betonoberfläche ist abhängig von der Konsistenz und dem Einbauverfahren. Beim Ausbreitmaß von 50 cm entsteht ungefähr ein natürliches Gefälle (Böschungsneigung) von 1:5 unter Wasser. Die Ebenheit ist dann nur noch abhängig vom Abstand der Einbaustellen.

Zum Vergleich und zur Beurteilung der verschiedenen Herstellungs- oder Einbauverfahren für Unterwasserbeton sind auch die Kriterien der Tafel 44 maßgebend.

10.7 Tresorbeton

Für Tresorräume wird i. a. eine Gesamtdicke der Wandungen (Wand, Sohle, Decke) von 80 cm, in besonderen Fällen von 100 cm vorgesehen. Bei Kleintresorräumen reichen oft 50 cm bis 60 cm dicke Wandungen aus (s. auch Kapitel 10.5).

Der Beton wird mit einem Zementgehalt von mindestens 300 kg/m^3 der Zementfestigkeitsklasse 32,5 hergestellt. Wegen der Dicke der Wände sollten nach Möglichkeit Zemente mit niedriger Hydratationswärme (NW) verwendet werden.

Tafel 44: Anforderungen und Beurteilung verschiedener Herstellverfahren von Unterwasserbeton nach Grube [6]

	Contractorverfahren					
	stationär (Pfahl)	instationär in freier Baugrube (Sohlplatte)	Kübelverfahren	Hydroventilverfahren	Pumpverfahren	Ausgußbeton (Prepakt-, Colcrete-, Tectocrete)
Entmischen sicher vermeidbar	+	–	–	+	+	+
Turbulenzfreie Einbringmethode	0	–	–	+	+	+
Große Einbauleistung	–	–	–	0	+	+
Zielsichere Herstellung verschiedener Betonfestigkeitsklassen möglich	+	0	–	+	+	0
Unempfindlichkeit gegen Konsistenzschwankungen	–	–	+	+	+	–
Abgezogene Oberfläche herstellbar	*	–	–	+	+	–
Beliebige Fortschreitrichtung, Neubeginn an beliebiger Stelle möglich ohne Bewehrungskorb	*	+	+	+	+	0
mit Bewehrungskorb	*	0	–	0	+	0
Keine Behinderung durch Bewehrungskörbe	+	0	–	0	+	+
Anschlußbewehrung, Baugrubenaussteifung	+	–	–	–	+	+

+ erfüllt 0 mit Einschränkungen erfüllt – nicht erfüllt * wird nicht verlangt

Als Zuschlag kommen Kiessand, doppelt gebrochenes Hartgestein aus Basalt, dichtem Kalkstein oder Hochofenschlacke und Leichtzuschläge (Blähton, Blähschiefer) in Frage. Weitere betontechnologische Maßnahmen sind: Wasserzementwert $\leq 0{,}45$, Zugabe eines Betonverflüssigers oder Fließmittels, um die Konsistenz KP zu erreichen.

Die Druckfestigkeit von mindestens 60 N/mm² im Mittel (Serienfestigkeit) ist im Alter von 180 Tagen nachzuweisen. Dabei werden für 200 m³ Beton 2 Serien mit je 3 Probewürfeln gefordert.

Wände, Böden und Decken bleiben mindestens 7 Tage eingeschalt und sind feuchtzuhalten. Ausschalen ist erst erlaubt, wenn der Unterschied zwischen Kerntemperatur und Außentemperatur 20 K oder weniger beträgt.

10.8 Spritzbeton

Spritzbeton wird in einer geschlossenen Schlauch- oder Rohrleitung bzw. einer Kombination beider Leitungsarten zur Einbaustelle gefördert und dort durch einen Spritzvorgang aufgetragen und dabei gleichzeitig verdichtet. Es wird in Trocken- und Naßspritzverfahren unterschieden (Bild 35).

Dünnstromförderung bezeichnet die pneumatische Förderung der Ausgangsmischung, bei der das Trocken- oder Naßgemisch im Druckluftstrom der Förderleitung „schwimmt", Dichtstromförderung die des Naßgemisches, das ohne Auflockerung durch die Förderleitung gepumpt wird (Bild 36).

Rückprall ist der Teil des Spritzgemisches, der von der Auftragsfläche wieder zurückprallt. Wegen des Rückpralls ist die Zusammensetzung der Ausgangsmischung eine andere als die des aufgespritzten Betons. Eine Materialbilanz zeigt Bild 37.

Beim Nachweis der Güte sind abweichend von DIN 1045 einige Unterschiede zu beachten. Bei der Eignungsprüfung ist beispielsweise eine Aussage über die zu erwartenden Betoneigenschaften erst durch die Prüfung der Zusammensetzung und Rohdichte des frisch aufgespritzten Betons möglich. Im Regelfall wird diese Prüfung an Platten (mind. 50 × 50 cm) durchgeführt, die in der bei der Bauausführung überwiegend vorkommenden Spritzrichtung und in der

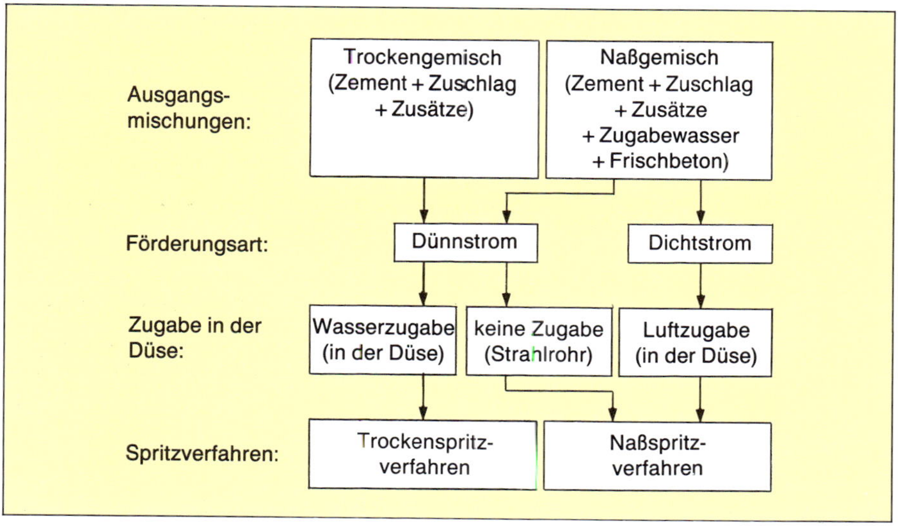

Bild 35: Herstellung von Spritzbeton

vorgesehenen Bauteildicke, mindestens jedoch 12 cm dick, gespritzt werden. Die Güteprüfung wird ebenfalls an solchen Prüfkörpern bzw. an daraus gewonnenen Bohrkernen vorgenommen. Der Prüfumfang weicht von DIN 1045 ab. Weitere Einzelheiten regelt DIN 18 551 „Spritzbeton“.

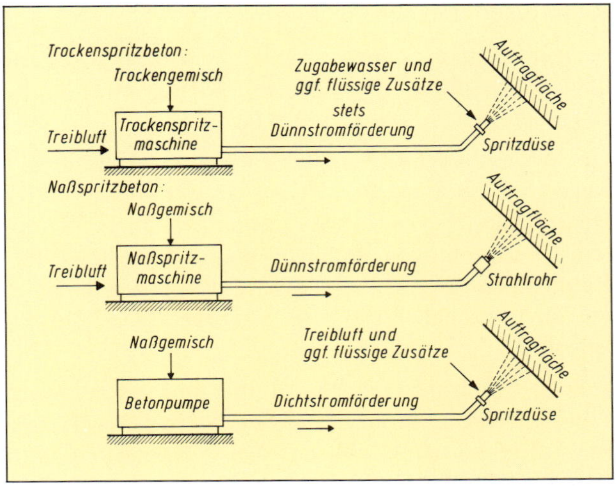

Bild 36: Spritzbeton-verfahren

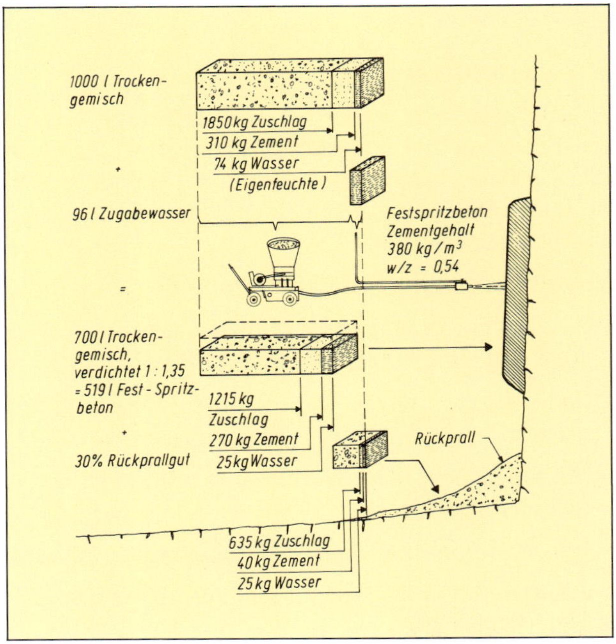

Bild 37: Materialbilanz eines Spritzbetons

11 Fugen

Vom Grundsatz her sind zwei Arten von Fugen zu unterscheiden: Arbeitsfugen und Bewegungsfugen. Nach ihrer Ausbildung wird ferner unterschieden in Raumfugen und Scheinfugen.

Arbeitsfugen entstehen, wenn der Betoniervorgang unterbrochen und der nächste Abschnitt erst betoniert wird, wenn der Beton der vorhergehenden Lage bereits erstarrt oder fest ist.

Unter *Bewegungsfugen* werden Fugen verstanden, die unterschiedliche Bewegungen der Bauteile in einer oder in mehreren Richtungen erlauben, z. B. Dehnungen, Verkürzungen, unterschiedliche Setzungen benachbarter Bauteile, Verdrehungen und Kombinationen dieser Bewegungen. Sie gehen als Raumfugen vorgegebener Breite durch den gesamten Betonquerschnitt und müssen durchgehend so breit sein, daß alle Bewegungen ohne Zwängung möglich sind.

Scheinfugen tragen der Verkürzung und Volumenverminderung eines Bauteils, z. B. bei Temperaturabnahme oder Schwinden, Rechnung. Der Unterschied zur Raumfuge besteht darin, daß *keine* Fugenbreite vorgegeben ist, sondern der Bauteilquerschnitt gezielt an vorbestimmter Stelle reduziert und damit geschwächt wird – z. B. durch Einschneiden eines Schlitzes –, so daß Soll-Bruchstellen vorgegeben und wilde Risse vermieden werden.

11.1 Arbeitsfugen

Arbeitsfugen sind immer Schwachstellen im Betonquerschnitt, deshalb technisch unerwünscht und möglichst zu vermeiden. Sie sollen – wenn unvermeidbar – in Bereichen liegen, in denen der Betonquerschnitt nicht voll ausgenutzt ist und können bei geschickter Wahl der Betonierfolge („Schwindgasse“) Scheinfugen ersetzen.

Bei der Ausführung von Arbeitsfugen sind folgende Maßnahmen zweckmäßig:

- Arbeitsfugen mit Hölzern, Latten, Drahtgeweben, Streckmetall, Noppenfolie o. ä einschalen
- Arbeitsfugen durch Trapez- oder Dreikantleisten bzw. Bohlen klar begrenzen
- die Oberfläche des Betons an der Arbeitsfuge rauh herstellen oder ausreichend profilieren
- jungen Beton mit scharfem Druckwasserstrahl abspritzen
- erhärteten Beton mechanisch aufrauhen (Stahlbürsten, Elektrohammer, Sandstrahlen)

- vor dem Weiterbetonieren Fuge reinigen; Streckmetall-Schalung nicht entfernen, sondern mit einbetonieren
- trockenen, älteren Beton vor dem Anbetonieren mehrere Tage lang feucht halten
- beim Anbetonieren muß die Oberfläche des älteren Betons abgetrocknet sein, ggf. Wasserreste durch saubere Druckluft entfernen
- Haftbrücken (Zementleim oder Kunststoff) sind nur in Ausnahmefällen erforderlich; sie sind schädlich, wenn nicht frisch hineinbetoniert wird
- Einbauteile, Schalung und Bewehrung dürfen nicht durch Beton verkrustet sein
- Anschlußbeton nicht zu steif einbauen (ggf. mit Betonverflüssiger oder Fließmittel)
- den Beton, besonders entlang der Arbeitsfuge, sorgfältig verdichten
- bei horizontalen Arbeitsfugen unter hohen Bauteilen (Wände, Stützen) Fallrohre verwenden, den Anschlußbeton ohne Grobkorn (nur 0/8 oder 0/16 mm) herstellen.

Das Temperaturgefälle zwischen altem und neuem Beton kann durch Warmhalten des alten und/oder Kühlen des neuen Betons gering gehalten werden.

Beispiele:

- Arbeitsfuge in der Fundamentplatte (Sohle):
  Sieben Tage nach dem Betonieren des zweiten Abschnitts kann die keilförmige Aussparung betoniert werden. Das Schließen soll frühmorgens erfolgen, da sich der Beton durch die Nachtkühle zusammengezogen und die Keilfuge die größte Öffnungsweite hat. Das Zubetonieren ergibt eine kraftschlüssige Verbindung (Bild 38).

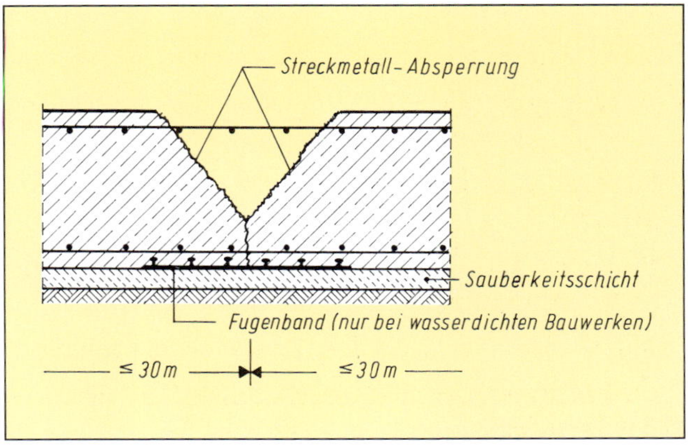

Bild 38: Arbeitsfuge in der Fundamentplatte

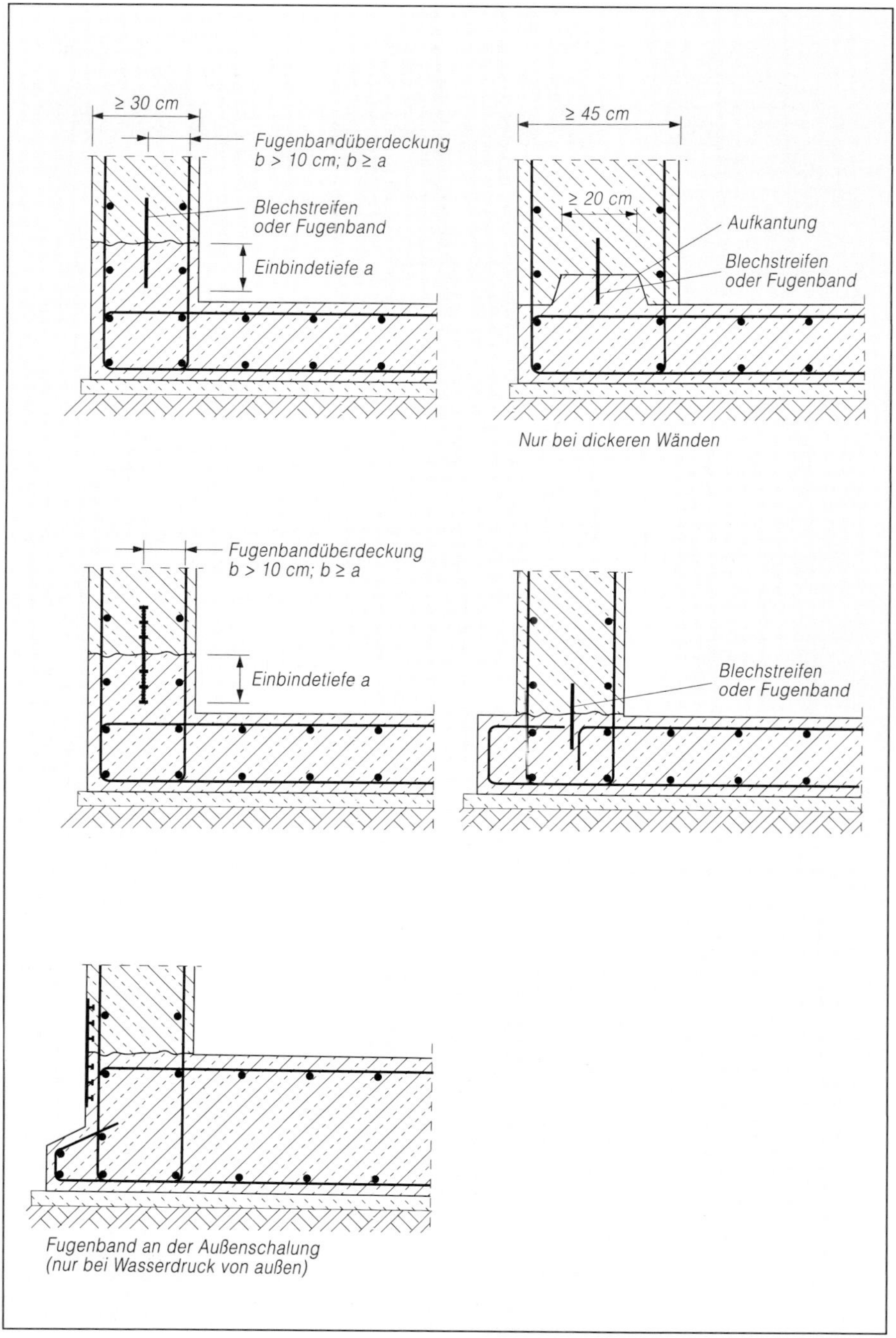

Bild 39: Arbeitsfuge zwischen Sohle und Wand

- Arbeitsfuge zwischen Sohle und Wand:
  Für die Wasserdichtigkeit der Fugen werden i. d. R. Bleche oder Arbeitsfugenbänder eingebaut (Bild 39). Mittig einzubauende Fugenbleche und Fugenbänder benötigen i. d. R. einen 15 bis 20 cm hohen Sockel, der mit der Sohle herzustellen ist. Die Arbeitsfugenbänder sind an Stößen (Stumpfstöße) durch Heißluftschweißen bzw. Vulkanisieren zu verbinden, auszusteifen, unverschieblich zu befestigen und bis zur Hälfte in die Sohle einzubetonieren.

  Bei Blechen sollte die Dicke mindestens 1 mm betragen. Sie werden an Stößen durch Schweißen, Klemmen oder Falzen verbunden oder 20 bis 30 cm mit 5 cm Abstand überlappt. Fugenblechkreuzungen werden geschweißt oder geklemmt (Bild 40), bei Kreuzungen von Arbeitsfugenband und Fugenblech wird das Blech i. d. R. an werkseitig angeschweißte Laschen aus Fugenbandmaterial angeklemmt (s. auch Bild 42). Heißluftgeschweißte und vulkanisierte Fugenbandkreuzungen sind grundsätzlich werkseitig herzustellen. Fugenblechkreuzungen werden auf der Baustelle geschweißt.

  Zur Abdichtung horizontaler Arbeitsfugen, z. B. zwischen Sohle und Wand oder zwischen Wandabschnitten, die abschnittsweise hergestellt werden, sind auch Injektionssysteme in Anwendung, bei denen über ein spezielles

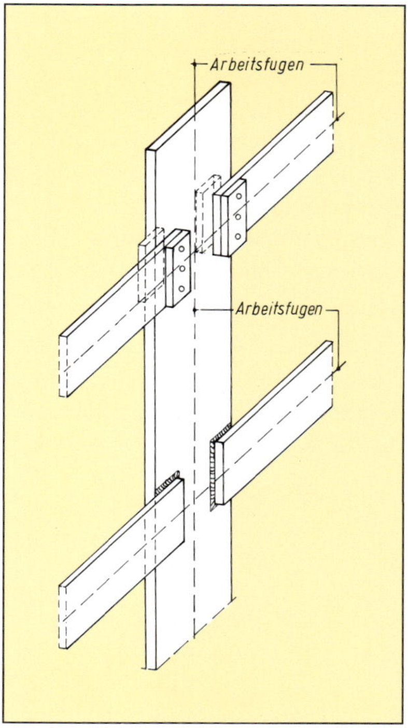

Bild 40: Fugenblechkreuzungen, geschweißt oder geklemmt, nach [7]

Schlauchsystem die Fugen planmäßig mit Injektionsgut (Zementsuspensionen, Polyurethane, Epoxidharze u. a.) verpreßt werden. Auch bei der Anwendung von Injektionssystemen sind Verdichtung und Bearbeitung der Frischbetonoberfläche im Bereich der Anschlußfuge (Entfernen des losen Betons auch im Bereich der Anschlußbewehrung, Abreiben der Frischbetonoberfläche) sorgfältig auszuführen.

Besondere Sorgfalt, Sachkenntnis, handwerkliche Erfahrung und Gewissenhaftigkeit verlangen

- Schlauchanordnung und Beachtung der max. Schlauchlängen (ca. 12 m)
- das Einbetonieren der Verpreß- und Lüftungsenden
- die Lagesicherung: der Schlauch muß durchgehend auf der Betonfläche aufliegen und in engen Abständen von ca. 25 cm befestigt sein
- und letztlich die Dosierung des Injektionsgutes und der Verpreßvorgang selbst.

Bei manchen Systemen können die Schläuche nach dem Verpressen leergesaugt werden und später - falls erforderlich- erneut verpreßt werden.

Bei Bewegungsfugen finden auch Stemmdichtungen Anwendung, die mit speziellen Werkzeugen in den Fugenspalt eingepreßt werden.

11.2 Scheinfugen

Werden längere Wandabschnitte auf bereits erhärteten Beton aufbetoniert, müssen i. d. R. in den Wänden Scheinfugen angeordnet werden. Der Bauteilquerschnitt wird um mindestens 25% geschwächt. Durch eingelegte Dreikant- oder Trapezleisten wird der Riß „geführt"; das Mindestmaß der Betondeckung ist auch im Bereich dieser Einlagen einzuhalten. Die Wasserdichtigkeit wird durch Fugenbänder oder Plomben (Bild 41) hergestellt. Bei Verwendung von Aussparungskörpern laufen die horizontalen Abdichtungen durch. Die Aussparungskörper werden - in der Regel frühestens nach 4 bis 6 Wochen - mit Beton oder Injektionsmörtel verfüllt.

Um die Temperaturdifferenz möglichst klein zu halten, sollte das Betonieren von Sohle und Wand innerhalb weniger Tage erfolgen. Bei sonst gleichen Bedingungen nimmt die Temperaturdifferenz mit der Wanddicke zu. Als Anhalt für die Scheinfugenabstände gelten die Werte der Tafel 45.

Tafel 45: Richtwerte für den Fugenabstand bei aufgehendem Beton

Bauteildicke cm	Fugenabstand m
<100	6 bis 8
>100	4 bis 6

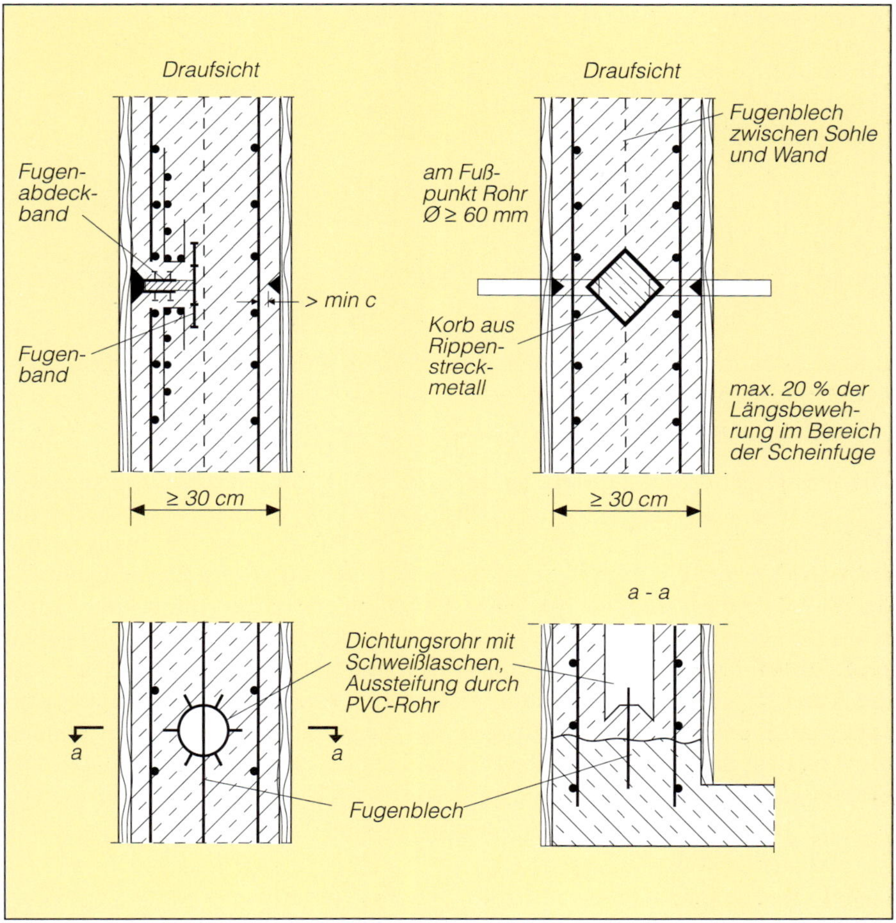

Bild 41: Scheinfugen: Schwächung des Querschnitts

11.3 Bewegungsfugen

Eine ungehinderte Bewegung wird sichergestellt durch eine ausreichende Fugenbreite (abhängig von der Länge des Bauteils und der größten auftretenden Temperaturdifferenz), durch vollständige Unterbrechung der Bewehrung und durch eine Fugeneinlage (am besten Weichfaserplatten, geschützt durch dauerelastische Fugenmasse wie z. B. Thiokol, Teer-Polyurethan, Fugenabdeckband). Die Fugenabdeckung muß – insbesondere bei horizontalen Flächen – gewährleisten, daß keine Fremdkörper (z. B. Kieskörner, Schmutz) in die Fuge eindringen und die ungehinderte Bewegung beeinträchtigen.

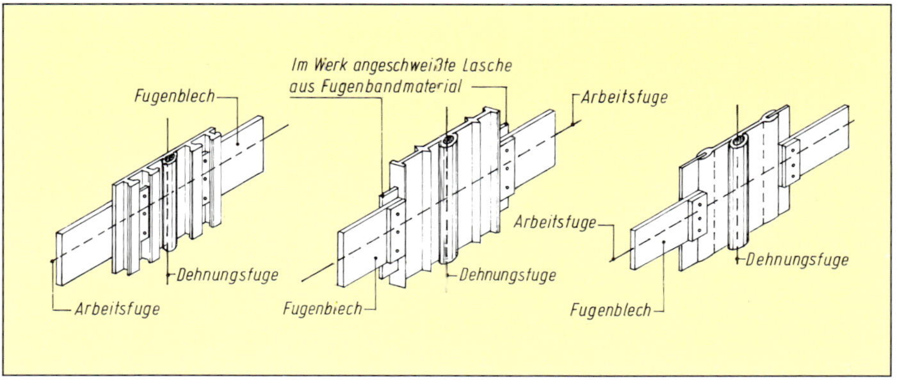

Bild 42: Verbindungen Dehnfugenband/Arbeitsfugenblech nach [7]

Die Wasserdichtigkeit der Bewegungsfugen wird i. d. R. durch mittig angeordnete Dehnfugenbänder (PVC oder Kunstkautschuk) erreicht. Dabei sollte die Einbindung kleiner als die Überdeckung sein. Für extreme Bewegungen und aus betrieblichen Gründen können außenliegende, auswechselbare Fugenbänder zweckmäßig sein, die mit einer Druckschiene angeklemmt oder angeschraubt werden. Dies ist nur sinnvoll, wenn die Bänder auch später zugänglich sind. An Kreuzungen von Bewegungsfugen und horizontalen Arbeitsfugen ist die Arbeitsfugendichtung zu unterbrechen. Der Anschluß an das Bewegungsfugenband muß wasserdicht erfolgen. Bei Verwendung von Blechen können diese an dem Dehnfugenband durch Klemmen befestigt werden (Bild 42). Die Stahllaschen sollten einen Querschnitt von 10 × 40 mm nicht unterschreiten.

12 Rißbildung im jungen Beton

Junger Beton ist Einflüssen ausgesetzt, die u. a. zu Verformungen führen können. Wesentliche Ursachen für solche Verformungen sind:

- Formänderungen und Setzungen der Schalung
- scharfes Austrocknen des frisch verdichteten Betons
- rasche Temperaturänderungen des erhärtenden Betons.

Die Behinderung der Verformung, z. B. durch Erstarren des Zementleims, Reibung an Auflagern, Verbund mit bereits erhärteten Betonbauteilen, aber auch durch die Bewehrung selbst, führt zu Zugspannungen im Beton. Überschreiten diese Zugspannungen die noch sehr geringe Zugfestigkeit des jungen Betons, entstehen Risse. Der kritische Zeitbereich für die Rißbildung beginnt oft schon eine Stunde nach dem Herstellen und dauert etwa 4 bis 16 Stunden an (Ausnahme Kap. 10.5).

Bei gleichzeitigem Austrocknen und Abkühlen können Wassergehalte von mehr als 180 l/m^3 und kleine Temperaturdifferenzen zu Rissen führen. Hohe Windgeschwindigkeiten und gleichzeitig niedrige relative Luftfeuchte gefährden wegen der dabei entstehenden Verdunstungskälte an der Betonoberfläche auch Betone mit Wassergehalten unter 180 l/m^3. Ein gutes Wasserrückhaltevermögen, also ein Beton, der nicht zum Bluten neigt, kann ebenfalls das Rißrisiko steigern.

Frühschwindrisse, häufig fälschlich als „Schrumpfrisse" bezeichnet, entstehen in erster Linie an freiliegenden Oberflächen des frischen oder jungen Betons durch schnelles Austrocknen. Dieser Vorgang wird auch als „Plastisches Schwinden" bezeichnet. So lange der Beton noch verformbar ist, können diese Risse durch nochmaliges Verdichten z. B. mit Tatsche, Oberflächenrüttler, wieder geschlossen werden. Die wirksamste Maßnahme gegen das Austrocknen von jungem Beton ist die sofortige Nachbehandlung (siehe Kap. 6). Rißarten und Maßnahmen gegen Rißbildung bei Festbeton sind in Kap. 10.5 behandelt.

Ausbessern von Rissen

Nicht jeder Riß ist ein Bauschaden. Bevor Risse ausgebessert werden, ist zunächst zu klären, ob eine Ausbesserung notwendig ist. Die nachfolgenden Hinweise sind für kleinere Arbeiten auf der Baustelle gedacht und nicht für Instandsetzungsmaßnahmen [14].

Risse im jungen Beton müssen so früh wie möglich durch Einreiben oder Einbürsten einer Zementschlämme geschlossen werden (Mischungsverhältnis: 3 kg Zement auf 1 l Wasser und ggf. Zusatz eines Fließmittels oder Betonverflüssigers).

Netzartige Risse können wie folgt ausgebessert werden:

☐ Beton zunächst durch gleichmäßiges Abreiben mit einem Schaumglasstein oder Abbürsten mit einem harten Besen von lose anhaftenden, feinen Ablagerungen befreien.

☐ Den Abrieb mit weichem Besen oder durch Absaugen entfernen.

☐ Rißfläche mit einem feinen Spachtelmörtel überziehen (Fertigprodukt oder aus Zement der Festigkeitsklasse 32,5 bzw. 32,5 R und verseifungsfester Acrylharzdispersion).

☐ Nach dem Abziehen des Mörtels die Fläche besonders in den Randbereichen mit einem Schaumglasstein nachreiben. Aus optischen Gründen muß ggf. mit einer Betonlasur gestrichen werden.

Für durchgehende Risse, die nicht mehr in Bewegung sind, kann folgende Maßnahme sinnvoll sein:

☐ Riß durch Aufkratzen erweitern, lockere Teile durch Abklopfen lösen und anschließend den Rißbereich mit einer Stahlbürste kräftig abbürsten.

☐ Rißflanken mit Flachpinsel ausfegen oder mit ölfreier Druckluft abblasen.

☐ Feinmörtel (z. B. Fertigprodukt mit hydraulischem Bindemittel oder aus Zement der Festigkeitsklasse 32,5 oder 32,5 R, Quarzmehl und verseifungsfester Acrylharzdispersion) in die Rißvertiefung drücken und mit der Betonoberfläche bündig abziehen.

☐ Oberfläche ggf. mit einem feinen Spachtelmörtel überziehen und mit einem Schaumglasstein nachreiben.

Für das Schließen von Rissen mit Kunstharzen kommen zwei Verfahren in Betracht: Tränken und Verpressen.

Das Tränken mit Kunstharz ist für Risse in horizontalen Flächen geeignet, die von oben vergossen werden können. Bis zu einer Rißbreite von etwa 0,2 mm bewirkt die kapillare Saugfähigkeit des Risses ein Ansaugen des Kunstharzes. Dadurch können auch Risse in vertikalen Flächen oder Risse über Kopf durch mehrfaches Einstreichen mit Harz geschlossen werden. Das Epoxidharz muß sehr dünnflüssig sein und soll möglichst kein Lösungsmittel enthalten. Das Einstreichen ist so oft zu wiederholen, bis kein Harz mehr nachgesaugt wird. Danach wird der Rißbereich mit Quarzmehl abgestreut.

Breite Risse in horizontalen Flächen können mit gefülltem Epoxidharzmaterial (1:1 bis 1:2 mit Zement gemischt) vergossen werden. Hierzu wird der Riß vorher mit einem Dorn aufgekratzt und mit einem Industriestaubsauger abgesaugt.

Das Verpressen mit Kunstharz erfordert Erfahrung. Im Rißbereich werden Packer eingesetzt oder Einpreßröhrchen aufgeklebt. Der Riß muß abgedämmt werden. Das Verpressen selbst geschieht mittels Kompressor oder Fußhebelpresse. Auf diesem Wege sind kraftschlüssige oder nur abdichtende Verbindungen möglich. Der Rißbereich wird geschliffen, später ggf. überspachtelt und gestrichen.

Ein Ausbessern von Lunkern ist in der Regel nur aus optischen Gründen erforderlich. Ähnliches gilt oft für Kiesnester und abgestoßene Ecken und Kanten. Ist eine Bearbeitung notwendig, kann diese folgendermaßen durchgeführt werden:

☐ Untergrund nässen und mit Grundierung vorbehandeln.

☐ Kunstharzmodifizierten Zementmörtel bei mehr als 5 mm Tiefe mit Sand 0/4 mm, sonst mit Feinsand oder Quarzmehl in Fehlstellen eindrücken.

☐ Direkt nach dem Anziehen des Mörtels durch Nachreiben eine feingriffige Oberfläche herstellen (Schaumglasstein günstig). Beim Nacharbeiten sollte kein zusätzliches Wasser verwendet werden. Zur Farbangleichung ggf. mit Zement „pudern".

☐ Falls notwendig, die gesamte Fläche spachteln und mit einer Betonlasur versehen.

13 Mörtel

13.1 Mauermörtel

Mauermörtel ist ein Gemisch von Bindemittel, Zuschlag und Wasser sowie ggf. auch von Zusatzstoff und Zusatzmittel, der zusammen mit Mauersteinen zur Herstellung von Mauerwerk verwendet wird. Der Mörtel füllt die Hohlräume zwischen den Steinen aus und stellt eine kraftschlüssige Verbindung zur Übertragung der auftretenden Kräfte her. Er soll ausreichend tragfähig, dicht und beständig sein und ggf. vor Witterungseinflüssen schützen. Leichtmörtel übernimmt auch Aufgaben der Wärmedämmung.

Mörtel für Mauerwerk im Sinne von DIN 1053 „Mauerwerk, Berechnung und Ausführung", Teil 1, muß den Anforderungen dieser Norm genügen.

Unterschieden werden die Mörtelarten Normal-, Leicht- und Dünnbettmörtel. Auf Grund ihrer Zusammensetzung und Druckfestigkeit bzw. Wärmeleitfähigkeit werden die Mörtel in Gruppen eingeteilt (Tafeln 46, 47). Normalmörtel sind baustellengefertigte Mörtel oder Werkmörtel der Mörtelgruppen I, II, IIa, III und IIIa mit einer Trockenrohdichte $\geqq 1{,}5$ kg/dm³. Als Leichtmörtel bezeichnet man Werkmörtel der Gruppen LM 21 und LM 36 mit einer Trockenrohdichte $<1{,}5$ kg/dm³. Dünnbettmörtel sind Werk-Trockenmörtel der Mörtelgruppe III.

Tafel 46: Mörtelzusammensetzung, Mischungsverhältnisse für Normalmörtel in Raumteilen

Mörtelgruppe (MG)	Luftkalk und Wasserkalk: Kalkteig	Luftkalk und Wasserkalk: Kalkhydrat	Hydraul. Kalk	Hochhydr. Kalk. Putz- und Mauerbinder	Zement	Sand (Natursand)
I	1					4
		1				3
			1			3
				1		4,5
II	1,5				1	8
		2			1	8
			2		1	8
				1		3
IIa		1			1	6
				2	1	8
III					1	4
IIIa					1	4

Tafel 47: Anforderungen an Normalmörtel

Mörtel-gruppe	Mindestdruckfestigkeit im Alter von 28 Tagen Mittelwert		Mindesthaftscherfestigkeit im Alter von 28 Tagen Mittelwert
	bei Eignungsprüfung N/mm²	bei Güteprüfung N/mm²	bei Eignungsprüfung N/mm²
I	–	–	–
II	3,5	2,5	0,10
IIa	7	5	0,20
III	14	10	0,25
IIIa	25	20	0,30

Zusammensetzung

Für die Herstellung von Mauermörtel im Sinne von DIN 1053 dürfen als Bindemittel nur Zement nach DIN 1164, Baukalk nach DIN 1060 und Putz- und Mauerbinder nach DIN 4211 sowie bauaufsichtlich als gleichwertig zugelassene Bindemittel verwendet werden.

Der Sand für Mauermörtel nach DIN 1053 Teil 1 darf nur aus Zuschlagarten nach DIN 4226 Teil 1 und 2 oder aus Zuschlag mit bauaufsichtlicher Zulassung bestehen. Für Mauermörtel nach DIN 1053 Teil 2 und 3 muß der Zuschlag dichtes Gefüge aufweisen und DIN 4226 Teil 1 entsprechen. Der Sand darf keine schädlichen Bestandteile enthalten, wie Stoffe organischen Ursprungs (z. B. Kohleanteile) oder größere Mengen an abschlämmbaren Bestandteilen (z. B. Lehm oder Ton). Der Anteil an abschlämmbaren Bestandteilen kann bis zu 8 Masse-% betragen (Zuschlag vA nach DIN 4226).

Bei der Verwendung von Leichtzuschlag müssen hinsichtlich Glühverlust, Raumbeständigkeit und Schüttdichte die Anforderungen von DIN 4226 Teil 2 erfüllt werden. Besonderheiten dazu enthält auch DIN 1053 Teil 1.

Zusätze werden dem Mörtel z. B. zur Verbesserung der Verarbeitbarkeit und des Wasserrückhaltevermögens zugegeben. Bei Mauerwerk mit Bewehrung oder stählernen Verankerungen müssen Zusatzmittel ein Prüfzeichen haben.

Es werden vorwiegend Erstarrungsverzögerer, Verflüssiger und Luftporenbildner sowie Zusatzmittel, die den Haftverbund zwischen Mörtel und Stein günstig beeinflussen, verwendet. Sogenannte Frostschutzmittel gehören zur Gruppe der Erstarrungsbeschleuniger. Durch ihren Einsatz können „klassische“ Winterbaumethoden (z. B. Erwärmen des Mörtels, Abschirmen gegen Kälte nach dem Auftragen) meistens nicht eingespart werden.

Normalmörtel kann ohne besonderen Nachweis nach den in Tafel 46 angegebenen Mischungsverhältnissen nach Raumteilen zusammengesetzt werden. Die Werte der Sandanteile beziehen sich auf lagerfeuchten Zustand. Bei Anwendung dieser Werte gelten alle Anforderungen an Festigkeit und Verarbeitbarkeit als erfüllt.

Eignungsprüfungen für die Zusammensetzung von Mauermörtel müssen durchgeführt werden, wenn

- Mörtel der Mörtelgruppe IIIa verwendet wird
- der Mörtel in einem Werk hergestellt wird (Werkmörtel einschl. Leicht- und Dünnbettmörtel)
- die Zusammensetzung von Mörtel der Mörtelgruppen II, IIa und III nicht der Tafel 46 entspricht
- Zusatzmittel verwendet werden
- Zusatzstoffe verwendet werden (Ausnahme: Mörtel nach Tafel 46 und Zugabemenge <15 Vol.-% vom Sandgehalt)
- die Brauchbarkeit des Zuschlags angezweifelt wird
- Gebäude mit mehr als sechs gemauerten Vollgeschossen errichtet werden.

Bei der Eignungsprüfung für Normalmörtel muß neben der Prismendruckfestigkeit zusätzlich die Druckfestigkeit des Mörtels in der Lagerfuge nachgewiesen werden. DIN 1053 Teil 1 weist deshalb auf die „Vorläufige Richtlinie zur Ergänzung der Eignungsprüfung von Mauermörtel; Druckfestigkeit in der Lagerfuge; Anforderungen, Prüfung“ hin.

Anforderungen an Normalmörtel bei der Eignungs- und Güteprüfung enthält Tafel 47. Die Anforderungen an Leicht- sowie Dünnbettmörtel sind DIN 1053, Teil 1, zu entnehmen.

Für Mauerwerk mit Eignungsprüfung nach DIN 1053, Teil 2, dürfen nur die Mörtel der Gruppen IIa, III und IIIa verwendet werden. Sie müssen besondere Anforderungen hinsichtlich ihrer Druck- und Haftscherfestigkeit erfüllen. Die Zusammensetzung der Mörtel richtet sich nach den Angaben der DIN 1053, Teil 1, (Tafel 46). Mörtel der Gruppe IIIa sollen die gleiche Zusammensetzung wie Mörtel der Gruppe III haben. Die höhere Festigkeit der Mörtelgruppe IIIa wird durch Auswahl geeigneter Sande erreicht.

Für bewehrtes Mauerwerk nach DIN 1053, Teil 3, dürfen nur Mörtel der Gruppen II, IIa, III und IIIa verwendet werden. Die Bewehrung darf nur in Normalmörtel der Mörtelgruppen III und IIIa eingebettet werden.

Herstellung, Verarbeitung und Anwendung

Mauermörtel kann auf der Baustelle hergestellt oder aus einem Mörtelwerk bezogen werden. Bindemittel, Zusatzstoffe und Zusatzmittel sollen trocken und vor Witterungseinflüssen geschützt, Zuschläge sauber gelagert werden. Für das Abmessen der Ausgangsstoffe müssen Waagen oder Meßbehälter verwendet werden, die eine gleichmäßige und genaue Zugabe ermöglichen. Um ein gleichmäßiges Mörtelgemisch zu erzielen, ist ausreichend lange zu mischen. Voraussetzung für gute Verarbeitbarkeit, d.h. für leichtes und kellengerechtes Aufbringen, gute Haftung und Verdichtungswilligkeit des Mörtels sind Geschmeidigkeit, Plastizität und Wasserrückhaltevermögen des Frischmörtels.

Bei *Werkmörtel* werden die Ausgangsstoffe in einem Werk zusammengesetzt und gemischt. Man unterscheidet folgende Lieferformen:

Werk-Trockenmörtel, ein Gemisch der Ausgangsstoffe ohne Wasser, wird auf der Baustelle durch ausschließliche Zugabe einer vom Hersteller anzugebenden Menge Wasser durch Mischen verarbeitbar gemacht. Trockenmörtel wird als Sack- oder Siloware geliefert.

Werk-Vormörtel (auch Werk-Naßmörtel genannt), ein Gemisch aus Zuschlägen und Luft- bzw. Wasserkalken als Bindemittel sowie ggf. Zusätzen, erhält als Vormörtel nach Zugabe von Wasser und ggf. zusätzlichem Bindemittel seine endgültige Zusammensetzung und wird durch Mischen auf der Baustelle verarbeitbar gemacht.

Werk-Frischmörtel ist ein gebrauchsfertiger Mörtel in verarbeitbarer Konsistenz.

Jeder Lieferung von Werkmörtel muß ein Lieferschein beigegeben werden, der folgende Angaben enthalten soll:

- Name und Anschrift des Herstellwerkes
- Tag und Empfänger der Lieferung
- Menge und Kennzeichnung des Mörtels einschl. Mörtelgruppe
- besondere Verarbeitungshinweise, z. B. bei Werk-Trockenmörtel die Menge des Zugabewassers, bei Werk-Vormörtel die Menge der Bindemittelzugabe auf der Baustelle
- Hinweis auf Lagerungsbedingungen und auf die Grenzen der Lagerzeit
- Hinweis auf fremdüberwachende Stellen.

Bei Verwendung von Sackware erfolgt diese Kennzeichnung auf den Säcken.

Werkmörtel soll an der Verwendungsstelle so gelagert werden, daß er sich zur Verarbeitung nicht nachteilig verändert. Mauermörtel muß vor Beginn des Erstarrens verarbeitet sein.

Werkmörtel soll an der Verwendungsstelle so gelagert werden, daß er sich zur Verarbeitung nicht nachteilig verändert. Auf der Baustelle dürfen Werkmörteln keine Zuschläge und Zusätze (Zusatzstoffe und Zusatzmittel) zugegeben werden. Mauermörtel muß vor Beginn des Erstarrens verarbeitet sein.

Nicht nur Art, Form und Rohdichte der Wandbausteine bestimmen die Wärmedämmeigenschaften eines Mauerwerks, sondern auch die Art und der Anteil des verwendeten Mauermörtels. Deshalb werden Mörtel mit geringerer Rohdichte und erhöhter Wärmedämmung *(Leichtmörtel)* verwendet.

Mörtel für Glasbausteinwände müssen DIN 4242 entsprechen und ausreichend dicht sein. Als Bindemittel ist Zement nach DIN 1164 zu verwenden (MG III). Wird der Mörtel mit Portlandzement, Portlandhüttenzement oder Hochofenzement hergestellt, darf zur Verbesserung der Geschmeidigkeit Kalkhydrat nach DIN 1060 und Traß nach DIN 51 043 bis zu 20 M.-% des Zementgehalts zugegeben werden. In jedem Fall muß die 28-Tage-Druckfestigkeit, ermittelt nach DIN 18 555, mindestens 12,0 N/mm² betragen. Wird nachträglich verfugt, ist für eine gute Haftung des Fugenmörtels am Tragmörtel zu sorgen. Die Festigkeit des Tragmörtels muß höher sein als die des Fugenmörtels.

Dünnbettmörtel sind Mörtel für Mauerwerk mit etwa 1 bis 3 mm dicken Fugen. Dünnbettmörtel wird als Werk-Trockenmörtel geliefert. Er besteht aus Zement, Feinsand mit einem Größtkorn bis zu 1 mm und i. d. R. organischen Zusätzen zur Verbesserung der Verarbeitbarkeit und des Wasserrückhaltevermögens. Die Druckfestigkeit bei der Güteprüfung muß mindestens 10 N/mm² betragen.

Mit *Gießmörtel* vergießt man besonders geformte Steine, die trocken aufeinandergesetzt werden, so daß ein Vermauern mit üblichen Mörteln völlig entfällt. Auch bei schlagregenbeanspruchtem Sichtmauerwerk kann die notwendige Vollfugigkeit mit Gießmörtel erreicht werden. Gießmörtel wird i. d. R. unter Verwendung von Mörtelzusätzen (z. B. Fließmittel, Kalkhydrat) hergestellt.

13.2 Putz

Putz nach DIN 18 550 ist im allgemeinen ein Belag aus Mörtel, der an Wänden und Decken ein- oder mehrlagig aufgetragen wird. Je nach Verwendungszweck hat der Putz verschiedene Aufgaben zu erfüllen:

- ebene Oberflächen auf den roh gearbeiteten Baugliedern zu schaffen, geeignet z. B. als Untergrund für Anstriche und Tapeten
- bestimmte bauphysikalische Aufgaben hinsichtlich Feuchte-, Wärme-, Schall-, Brand- und Strahlenschutz zu übernehmen
- der architektonischen Gestaltung zu dienen.

Putzmörtel ist ein Gemisch von einem oder mehreren Bindemitteln, Zuschlag und Wasser, ggf. auch Zusätzen. Wie bei Mauermörtel wird in Baustellen- und Werkmörtel unterschieden (s. Abschnitt 13.1).

Mörtelzusammensetzung

Putzmörtel werden Mörtelgruppen zugeordnet, wenn sie die in Tafel 48 genannten mittleren Mindestdruckfestigkeiten erreichen, genormte Bindemittel enthalten und bestimmte auf Erfahrung beruhende Mischungsverhältnisse Bindemittel:Zuschlag aufweisen. Werden Baustellenmörtel entsprechend Tafel 47 zusammengesetzt, so gelten diese Anforderungen als erfüllt. Weicht die Zusammensetzung von den Angaben ab, ist eine Eignungsprüfung erforderlich.

Mörtelsande sollen möglichst wenig Haufwerksporen besitzen. Deshalb sind gemischtkörnige Sande vorzuziehen. Besonders geeignet sind solche Sande, deren Anteil an Körnung 0–0,25 mm zwischen 10 und 30 M.-% liegt.

Tafel 48: Zusammensetzung und Anwendung des Putzmörtels

Mörtelgruppe (MG)	Mischungsverhältnisse in Raumteilen								
	P I			P II				P III	
	a, b		c	a		b		a	b
Mörtelart	Luftkalk u. Wasser-Kalkmörtel		Hydraulischer Kalkmörtel	Hochhydraulischer Kalkmörtel, Mörtel mit Putz- und Mauerbinder		Kalkzementmörtel		Zementmörtel mit Zusatz von Luftkalk	Zementmörtel
Luftkalk Wasserkalk (DIN 1060) – Kalkteig	1,0[1]					1,5			
Luftkalk Wasserkalk (DIN 1060) – Kalkhydrat		1,0[1]					2,0	≤0,5	
Hydraulischer Kalk (DIN 1060)			1,0						
Hochhydraulischer Kalk (DIN 1060)				1,0					
Putz- und Mauerbinder (DIN 4211)					1,0				
Zement (DIN 1164)						1,0	1,0	2,0	1,0
Sand	3,5 bis 4,5	3,0 bis 4,0	3,0 bis 4,0	3,0 bis 4,0	3,0 bis 4,0	9,0 bis 11,0	9,0 bis 11,0	6,0 bis 8,0	3,0 bis 4,0
Mittlere Mindestdruckfestigkeit N/mm²	-		1,0	2,5				10,0	
Anwendung des Mörtels	geeignet für wenig beanspruchte Bauteile: Innenputz ohne besondere Anforderungen		Außenputz ohne besondere Anforderungen	geeignet für normal beanspruchte Bauteile, übliche Außenputze (insbesondere Unterputze) und stark beanspruchte Innenputze				geeignet für besonders stark beanspruchte Bauteile, z. B. Sockelputz, sowie für Putze bei Behältern, Gruben, Feuchträumen u. ä.	

[1] Bei Luftkalkmörtel begrenzter Zementzusatz möglich.
Die MG P IV und P V sind nur für Innenputze geeignet.

Werden Zusätze zur Erreichung besonderer Eigenschaften erforderlich (z. B. wasserhemmend, wasserabweisend), sind Eignungsprüfungen durchzuführen. Davon kann abgesehen werden, wenn der Hersteller der Zusätze nachweist, daß die geforderten zusätzlichen Eigenschaften mit Sicherheit erreicht werden und die Zusätze keinen schädlichen Einfluß auf den Putz ausüben. Werk-Trocken- und Werk-Frischmörtel dürfen nachträglich keine weiteren Zusätze zugegeben werden.

Putze müssen gleichmäßig gut am Putzgrund, die einzelnen Lagen gut aneinander haften. Innerhalb der einzelnen Lagen soll der Mörtel ein gleichmäßiges Gefüge besitzen. Der Putz ist auf das zu verputzende Bauteil und die Putzweise abzustimmen.

Außenputz muß witterungsbeständig und soll frei von Rissen sein. Insbesondere ist die Wasserdampfdurchlässigkeit des Außenputzes so zu wählen, daß keine unzulässige Feuchtigkeitserhöhung durch Kondensation in der Wand auftritt. Bei Putz, dessen Zusammensetzung Tafel 48 entspricht, gilt diese Anforderung als erfüllt. Haarrisse in begrenztem Umfang sind unschädlich, da sie den technischen Wert des Putzes nicht beeinträchtigen.

Wärmedämmputze werden zur Verbesserung des Wärmeschutzes eingesetzt und als Werk-Trockenmörtel geliefert. Sie bestehen im wesentlichen aus mineralischen Bindemitteln und leichten Zuschlägen und werden als System aus zwei Putzlagen angeboten, dem wärmedämmenden Unterputz und einem Oberputz. Der Oberputz kann als Dekorputz auch Pigmente oder farbige Gesteinsbrechsande enthalten. Er sollte jedoch nur in helleren Farben ausgeführt werden, damit eine hohe Reflexion erreicht und die Temperatur nicht zu stark erhöht wird. Der Oberputz muß ausreichend fest und wasserabweisend sein, um den leichten Dämmputz (Unterputz) vor mechanischer Beanspruchung und Durchfeuchtung schützen zu können.

Putzsysteme und Putzdicken

Die an den Putz zu stellenden Anforderungen sind grundsätzlich vom gesamten Putzsystem zu erfüllen, wobei der Nachweis der Eigenschaften durch Erfahrung oder anhand von Eignungsprüfungen erfolgen kann. Zu beachten ist bei Putzen mit mineralischen Bindemitteln, daß der Oberputz i. d. R. keine höheren Festigkeiten erlangen darf als der Unterputz. Die Festigkeit der Mörtellagen soll also vom Putzgrund zur Oberfläche hin abnehmen. Ist dies nicht der Fall, können durch Temperaturunterschiede und Feuchtigkeitsschwankungen Gefügespannungen entstehen, die zum Ablösen der Putzschichten führen. In Tafel 49 sind bewährte Putzsysteme für verschiedene Anwendungsbereiche angegeben. Bei handwerksgerechter Ausführung dieser Systeme können die jeweiligen Anforderungen an den Putz ohne Nachweis als erfüllt angesehen werden. Tafel 50 zeigt die erforderlichen Putzdicken. In bestimmten Fällen kann ein Putzsystem gewählt werden, das von der empfohlenen Festigkeitsregel abweicht. Solche Abweichungen können auftreten bei besonderen

Tafel 49: Putzsysteme für Außenputz

Anforderungen bzw. Putzanwendung	Mörtelgruppen nach Tafel 48								
Oberputz	PI	PI	PI	PI	PIc	PII	PII	PIII	PIII
Unterputz	–	PI	PIc	PII	–	–	PII	–	PIII
ohne besondere Anforderungen	×	×		×		×	×	×	
wasserhemmend		×		×	×	×	×	×[1]	
wasserabweisend			×	×	×[2]	×[2]	×	×[1]	
erhöhte Festigkeit						×	×	×	
Kellerwandaußenputz								×	
Außensockelputz								×	×

[1] Nur bei Beton mit geschlossenem Gefüge als Putzgrund
[2] Nur mit Eignungsnachweis am Putzsystem zulässig

Tafel 50: Putzdicken

	zulässige*) Mindestdicke mm	im Mittel mm
Außenputze	15	20
Innenputze, die allgemeinen Anforderungen genügen	10	15
Innenputze aus einlagigem Werk-Trockenmörtel	5	10
Einlagige wasserabweisende Außenputze aus Werkmörtel	10	15
Wärmedämmputze	20	–

*) Die zulässigen Mindestdicken müssen sich auf einzelne Stellen beziehen, z. B. über elektrische Leitungen. Die Dicke von Putzen, die zusätzlichen Anforderungen genügen sollen, ist so zu wählen, daß diese Anforderungen sicher erfüllt werden.

Anforderungen z. B. hinsichtlich Wärmeschutz, Schallschutz, Brandschutz. DIN 18 550 nennt weitere bewährte Putzsysteme für Außendeckenputz, Innenwandputz und Innendeckenputz ohne Putzträger.

Ausführung

Für eine gute Haftfestigkeit des Putzes ist die Beschaffenheit des Putzgrundes von wesentlicher Bedeutung. Er muß staubfrei, sauber und frei von Trennmittelrückständen sowie frostfrei sein, und er soll so maßgerecht sein (DIN 18 202, Teil 5), daß der Putz in gleichmäßiger Dicke aufgetragen werden kann. Offene Fugen oder Risse im Stein sind ab 2 mm Breite für Putz problematisch. Derartige Fehlstellen im Mauerwerk sowie außenliegende Griffmulden bzw. Mörteltaschen sind beim Mauern mit Mörtel auszuwerfen [10]. Zu glatter Putzgrund ist aufzurauhen oder mit einem Spritzbewurf zu versehen. Stark saugender Putzgrund ist vorzunässen. Bei schwach saugendem Putzgrund ist ein warzenförmiger Spritzbewurf, bei nicht oder ungleichmäßig saugendem Putzgrund stets ein volldeckender Spritzbewurf vorzusehen. Als Zuschlag ist hierfür grobkörniger Sand geeignet. Auf den Spritzbewurf darf erst geputzt werden, wenn er so weit erhärtet ist, daß er sich mit der Hand nicht mehr abwischen läßt, frühestens jedoch nach 12 Stunden. Bei spezieller Vorbehandlung des Putzgrundes (Grundierung, Haftbrücke) oder bei Verwendung von Mörteln bestimmter Zusammensetzung kann ggf. ein Spritzbewurf entfallen. Als Putzgrund ungeeignete Flächen (z. B. Holz- und Eisenteile) sind mit einem Putzträger (z. B. Streckmetall oder Drahtgewebe) zu überspannen, der mindestens 10 cm auf den umgebenden, geeigneten Putzgrund übergreifen muß. Auf schwierigem Putzgrund kann zur Verbesserung der Zugfestigkeit eine Putzbewehrung eingelegt werden.

Bindemittel und Werk-Trockenmörtel sind gegen Feuchtigkeit zu schützen. Zuschläge und Werk-Naßmörtel sollen auf einer sauberen Unterlage gelagert werden. Bei Regen ist der Mörtel abzudecken.

Der Mörtel für die einzelnen Putzlagen ist von Hand oder maschinell gleichmäßig dick aufzubringen, sorgfältig abzuziehen und zu verreiben. Durch maschinelles Auftragen wird i. d. R. eine bessere Haftung zwischen Putz und Putzgrund erreicht. Um „Sackrisse“ zu vermeiden, darf die folgende Lage erst aufgebracht werden, wenn die vorhergehende fest ist. Beginnen Mörtel mit hydraulischen Bindemitteln bereits zu erstarren, dürfen sie durch Zugabe von Wasser nicht wieder verarbeitbar gemacht werden.

Putze mit hydraulischen Bindemitteln sind nötigenfalls durch Benetzen mit Wasser oder Abdecken feucht zu halten. Bei zu schnellem Austrocknen können unzureichende Festigkeit oder Haarrisse entstehen. Außen darf nicht geputzt werden, wenn die zu verputzende Fläche von Regen getroffen werden kann oder Nachtfröste erwartet werden. Bei Frost dürfen Außenputzarbeiten nur dann ausgeführt werden, wenn die Arbeitsstelle vollständig gegen die Außentemperatur abgeschlossen ist und der so entstehende Arbeitsraum bis zum ausreichenden Erhärten des Putzes beheizt wird.

Entsprechend der Putzweise werden die Putze nach der Art ihrer Oberflächenbearbeitung und der daraus entstehenden Struktur eingeteilt; z. B.

- gefilzter oder geglätteter Putz
- geriebener oder Reibeputz
- Kellenwurfputz
- Kellenstrichputz
- Spritzputz
- Kratzputz
- Waschputz.

13.3 Zementestrich

Zementestriche sind Bodenbeläge aus Zementmörtel oder Beton. Entsprechend der Konstruktion werden Verbundestrich, Estrich auf Trennschicht und schwimmender Estrich unterschieden. Verbundestriche sollten nur dann zur Anwendung kommen, wenn die endgültige Fertigstellung der Oberfläche der Betondecke nicht direkt möglich ist.

Tafel 51: Zementestriche, Festigkeitsklassen

Festigkeitsklasse	Güteprüfung			Eignungsprüfung
	Druckfestigkeit		Biegezugfestigkeit	Druckfestigkeit
Kurzzeichen	Kleinster Einzelwert (Nennfestigkeit) N/mm²	Mittelwert jeder Serie (Serienfestigkeit) N/mm²	Mittelwert jeder Serie (Serienfestigkeit) N/mm²	Richtwert N/mm²
ZE 12	≥12	≥15	≥ 3	18
ZE 20	≥20	≥25	≥ 4	30
ZE 30	≥30	≥35	≥ 5	40
ZE 40[1]	≥40	≥45	≥ 6	50
ZE 50[1]	≥50	≥55	≥ 7	60
ZE 55 M[1][2]	≥55	≥70	≥11	80
ZE 65 A[1][2] ZE 65 KS[1][2]	≥65	≥75	≥ 9	80

[1] Eignungsprüfung erforderlich

[2] Hartstoffgruppe nach DIN 1100

Tafel 52: Zulässige Toleranzen für die Ebenheit nach DIN 18202

Bauteil	Ebenheitsanforderungen in mm. Abstand der Meßpunkte bis				
	0,1 m	1 m	4 m	10 m	15 m
Tragbeton oder Mörtelschicht zur Aufnahme von Estrich	5	8	12	15	20
Estrichoberfläche	2	4	10	12	15

Die Anforderungen an die Festigkeit und Ebenheit von Estrichen enthalten die Tafeln 51 bzw. 52.

Um die gewünschten Eigenschaften zielsicher zu erreichen, sind Estriche mit möglichst niedrigem Wasserzementwert herzustellen. Dies bedeutet im allgemeinen, daß eine steife bis plastische Konsistenz eingebaut werden muß. Dadurch kann es z. B. bei schwimmenden Estrichen zu Verdichtungsschwierigkeiten kommen, die durch Einsatz von verflüssigenden Zusatzmitteln verringert werden.

Um Estriche gegen zu schnelles Austrocknen zu schützen, die Verarbeitbarkeit zu verbessern und u. U. die Biegezugfestigkeit zu erhöhen, können Kunstharzdispersionen zugegeben werden.

Herstellen

Die Ausgangsstoffe sollten stets abgewogen werden. In der Praxis wird jedoch meist nach Raumteilen dosiert. Dabei ist zu beachten, daß durch feuchten Zuschlag – z. B. 3 bis 9% – sich Wasserzementwerterhöhungen um 0,10 bis 0,35 ergeben. Die Wasserzugabe muß also um die Feuchtemenge des Zuschlags reduziert werden.

Beim Mischen wird zuerst ein Teil des Zuschlags, dann die vorgesehenen Zement- und Wassermengen und zum Schluß soviel Zuschlag zugegeben, bis die richtige Konsistenz erreicht ist. Bei Zuschlägen mit einem Größtkorn von 8 mm besteht das Gemisch zur Hälfte aus Sand 0/2 und zur anderen Hälfte aus Kiessand 2/8. Ein Gemisch mit Größtkorn 16 mm wird zu je einem Drittel aus 0/2, 2/8 und 8/16 zusammengesetzt. Wird gebrauchsfertiger Trockenmörtel als Estrich verwendet, entfällt das Mischen der Ausgangsstoffe, lediglich Wasser wird auf der Baustelle zugegeben.

Der Estrichmörtel ist immer maschinell zu mischen und unverzüglich nach Beendigung des Mischvorgangs einzubauen. Bei Verwendung von Estrichmörtel aus Transportbetonwerken sollte nicht wesentlich mehr angeliefert werden, als innerhalb von ein bis zwei Stunden verarbeitet werden kann.

Verarbeiten

Nach dem Auslegen von Lehren wird der frische Mörtel verteilt, abgezogen und verdichtet - z. B. mit Rüttelplatten oder -bohlen. Im Gegensatz zu Verbundestrich und Estrich auf Trennschicht läßt sich schwimmender Estrich durch den Rückfederungseffekt des Dämmstoffes schwer verdichten. Die Konsistenz des Mörtels sollte deshalb so weich wie möglich gewählt werden, ggf. durch Zugabe eines Fließmittels. Nach dem Verdichten ist die Oberfläche z. B. durch Abreiben oder Glätten fertigzustellen. Pudern, Nässen oder Aufbringen von Feinmörtel sind nicht zulässig.

In der kalten Jahreszeit darf die Mörteltemperatur +5 °C nicht unterschreiten und muß 3 Tage lang auf wenigstens +5 °C gehalten werden. Die Temperaturen im Gebäude sollen - z. B. durch Beheizen - nicht über +10 °C hinausgehen. Höhere Innentemperaturen sowie schnelle und große Temperaturschwankungen erhöhen die Rißgefahr erheblich.

Verbundestrich sollte aus Verarbeitungsgründen wenigstens dreimal dicker als das Größtkorn des Zuschlaggemischs und bei einschichtiger Ausführung max. 50 mm dick sein.

Voraussetzung für einen guten Verbundestrich ist eine gute Rauhigkeit des Tragbetons. Als Vorbehandlung reicht i. d. R. ein Absaugen z. B. mit Industriestaubsaugern. Bei gröberen Verschmutzungen ist u. U. eine Säuberung mit Hochdruckwasserstrahl erforderlich. Danach sollte der Beton ca. 48 Stunden genäßt werden. Vor dem Aufbringen des Verbundestrichs muß er pfützenfrei und leicht angetrocknet sein. Zunächst sollte eine Haftbrücke aus Zementmörtel evtl. mit einer Kunststoffdispersion eingebürstet werden. Die Kunststoffdispersion trägt dazu bei, daß die Haftbrücke auf der vorbereiteten Fläche nicht so schnell abtrocknet.

Bei relativ glatten Tragbetonflächen kann die Haftbrücke bestehen aus:

1 Teil Zement, 1 Teil Kunststoffdispersion und soviel Wasser, daß eine breiige Masse entsteht. Die Flächen sind nur so weit vorzubereiten, daß der Estrichmörtel immer frisch eingearbeitet werden kann.

Das Glätten des Estrichs wird erst dann vorgenommen, wenn die Oberfläche mattfeucht angetrocknet ist. Mit Erfolg wurde Nachbehandlungsmittel auch vor dem Glätten aufgetragen, es diente dann gleichzeitig als Glätthilfe für den Estrichleger.

Estriche auf Trennschicht werden eingesetzt, wenn Decken stark auf Biegung beansprucht werden oder der Tragbeton wasserabweisend ist. Die Dicke des Estrichs auf Trennschicht beträgt wenigstens 35 mm und max. 50 mm bei einschichtiger Ausführung. Die Praxis zeigt, daß die gesamte Dicke bei der Estrichfestigkeitsklasse ZE 50 wenigstens 50 mm und bei ZE 65 wenigstens 90 mm betragen sollte.

Die Oberfläche des tragenden Untergrundes darf keine punktförmigen Erhebungen, lose Bestandteile oder Mörtelreste aufweisen. Werden beim Untergrund die Maßtoleranzen für die Ebenheit nach DIN 18202 (Tafel 52) überschritten, ist eine Ausgleichsschicht erforderlich.

Die Trennschichten sind zweilagig auszuführen. Verwendet werden Polyethylenfolie von mindestens 0,1 mm Dicke, bitumengetränktes Papier (mit Flächengewicht mindestens 100 g/m²), Rohglasvlies von mindestens 50 g/m² oder ähnliche Produkte. Die Trennschicht muß faltenfrei und mit ausreichender Überlappung verlegt werden.

Schwimmender Estrich ist ein auf Dämmschicht hergestellter Estrich, der auf seiner Unterlage beweglich ist und keine unmittelbare Verbindung mit angrenzenden Bauteilen aufweist. Für im Wohnungsbau gleichmäßig auftretende Lasten von 1,5 kN/m² sind Mindestestrichdicken von 35 mm bzw. 40 mm einzuhalten, bei Zusammendrückbarkeiten der Dämmschicht von 5 mm bzw. 5 mm bis 10 mm. Diese Werte beziehen sich auf eine Dämmschichtdicke von ca. 4 cm. Heute sind aus Energieeinsparungsgründen Dämmschichtdicken von 8 cm und mehr üblich, die wegen ihrer größeren Zusammendrückbarkeit größere Estrichdicken erfordern. Da die Estrichdicke beibehalten werden soll, sind folgende Maßnahmen möglich:

- zweilagiger Einbau der Dämmschicht, obere Lage aus nicht zusammendrückbarem Material
- Trennung der Dämmschicht in je eine Schicht unter- und oberhalb des Tragbetons.

Eventuell vorhandene Rohrleitungen müssen festgelegt werden. Anschließend ist durch eine Ausgleichsschicht wieder eine ebene Oberfläche herzustellen.

Falls Wände verputzt werden, muß der Putz vor dem Verlegen der Dämmschicht bis zum Untergrund durchgezogen sein. Die Dämmstoffe liegen i. d. R. direkt auf dem Untergrund mit dichten Stößen und im Verbund. Um ein Eindringen von Wasser oder Zementleim in die Dämmschicht zu vermeiden, wird diese vor dem Einbau des Estrichs mit einer nackten Bitumenbahn oder einer Kunststoffolie von mindestens 0,1 mm Dicke abgedeckt. Die einzelnen Bahnen sollten sich an den Stößen ca. 10 cm überlappen.

Wegen der weichen Konsistenz können die Estrichleger nur auf Kniebrettern mit Stelzen arbeiten. Die Stelzen der Kniebretter sollten möglichst spitz sein. Wird Mörtel auf der Dämmschicht transportiert, so sind zu ihrem Schutze vorher Holzbohlen zu verlegen.

Hartstoffestrich ist ein Zementestrich mit Zuschlag aus Hartstoffen nach DIN 1100 für hohen Verschleißwiderstand. Er besteht aus einer Schicht, der Hartstoffschicht, oder aus zwei, der Übergangsschicht und der Hartstoffschicht. Auf eine besondere Ausgleichs- oder Übergangsschicht kann verzichtet werden, wenn die Oberfläche des unter dem Hartstoffestrich liegenden

Tragbetons genügend eben ist, wenn die Hartstoffmörtelschicht frisch in frisch auf den Tragbeton eingebracht wird und wenn nicht zu große Unterschiede im Zementgehalt bestehen. Die Hartstoffschicht kann auch durch Auftragen und Einarbeiten einer trockenen Mischung aus Hartstoff und Zement auf eine frische Übergangsschicht hergestellt werden.

Heizestrich ist ein Estrich mit eingebauter Heizung, der für ein gut funktionierendes System auf einer Dämmschicht verlegt wird. Außerdem muß wegen der hohen Fußbodentemperatur in der Heizperiode und der sich daraus ergebenden großen Längsdehnung der Estrichplatte diese durch 1 cm dicke, weiche Randstreifen von den übrigen Bauteilen getrennt werden. Die Lage der Warmwasserrohre oder der elektrischen Heizdrähte ist vor dem Estricheinbau zu fixieren. Die Estrichüberdeckung des Heizsystems beträgt i. d. R. wenigstens 45 mm.

Fugen

Für alle Konstruktionen gilt i. d. R., daß der Estrich durch Randfugen von den aufgehenden Bauteilen zu trennen ist. Dies geschieht normalerweise durch das Aufstellen von Dämmstreifen. Ebenso gilt generell, daß Dehnfugen im Tragbeton im Estrich übernommen werden müssen. Zusätzliche Fugen bei Verbundestrich sind schädlich.

Durch Einschneiden von Scheinfugen sollen bei Estrichen auf Trennschicht möglichst quadratische Felder mit einer Seitenlänge von max. 6 m gebildet werden. Anhaltswerte enthält Tafel 53.

Tafel 53: Fugenabstände bei Estrich auf Trennschicht

Fugenabstand	
bei quadratischen Feldern $l/b = 0{,}80 \ldots 1{,}25$	bei rechteckigen Feldern $l/b < 0{,}80$ $l/b > 1{,}25$
$l_{max} \leq 33\ d_e$*)	$l_{max} \leq 30\ d_e$*)

*) d_e = Estrichdicke

Auch bei schwimmenden Estrichen sind Scheinfugen mit der Kelle auf ca. ⅓ der Estrichdicke sauber und gerade einzuschneiden. Die Felder sollten möglichst quadratisch sein und nie über ein Seitenverhältnis von 2:1 hinausgehen. Feldgrößen über 40 m² oder Seitenlängen über 8 m sind ungünstig.

Fugen im Hartstoffverbundestrich werden mit einem Spezialfugeneisen eingedrückt. Das Fugeneisen wird an einem Richtscheit so geführt, daß durch senkrechten Druck die Fugenkante angepreßt und die Oberfläche geglättet und verdichtet wird. Beim Heizestrich sind die Fugen bei Versprüngen, wie Türöffnungen, als Dehnfugen aus 10 mm breiten Mineralfaserstreifen herzustellen. Die max. Seitenlänge bei den höchstens 40 m^2 großen Feldern sollte 6,5 m betragen.

Nachbehandeln

Der Estrich ist direkt nach dem Einbau gegen schädigende Einwirkungen wie Zugluft, schwankende Temperaturen, mechanische Belastungen usw. zu schützen. In Hallen oder im Freien kann ein Abdecken mit dünnen Kunststoffolien für einen ausreichenden Schutz gegen Austrocknen sorgen. Eine zweite gute Möglichkeit ist das Aufspritzen eines Nachbehandlungsfilms. Es ist jedoch darauf zu achten, daß bei Estrichen, die einen Verbundbelag bekommen, nur dauerhafte Nachbehandlungsfilme verwendet werden, z. B. wasserverträgliche Mittel auf Epoxidharz-Basis.

Im Wohnungsbau ist im allgemeinen keine besondere Nachbehandlung erforderlich, wenn Türen und Fenster geschlossen werden können. Die Räume dürfen anfangs nicht beheizt werden. Grundsätzlich gilt, daß der Estrich bei normalen Temperaturen in den ersten 7 Tagen gegen Austrocknen geschützt wird; bei niedrigen Temperaturen ist der Schutz auf 14 Tage auszuweiten.

14 Betonfertigteile

Für die Herstellung von tragenden und aussteifenden Beton- und Stahlbetonfertigteilen gilt DIN 1045. Werke, deren Erzeugnisse als werkmäßig hergestellt gelten, dürfen Beton aller Festigkeitsklassen verwenden. Für die Herstellung von Beton B I brauchen - gegenüber Baustellenbeton - bei der Eignungsprüfung nicht die Vorhaltemaße für Festigkeit und Konsistenz eingehalten werden. Die Vorhaltemaße sind wie bei Baustellenbeton B II frei wählbar.

Beton wird im allgemeinen nach seiner 28-Tage-Druckfestigkeit beurteilt und in Festigkeitsklassen eingestuft.

Im Betonfertigteilbau ist neben der 28-Tage-Festigkeit eine hohe Frühfestigkeit oft von großer Bedeutung, damit die Schalung schnell (in der Regel am nächsten Tag) wieder verwendet bzw. bei niedrigen Temperaturen weitergearbeitet werden kann. Unter Frühfestigkeit versteht man dabei die Festigkeit des Betons nach wenigen Stunden bzw. Tagen.

Für frühzeitiges Ausschalen genügen oft relativ niedrige Festigkeiten von einigen N/mm^2. Um einen risikolosen Transport der Fertigteile zu gewährleisten, müssen die Druckfestigkeiten zwischen 5 und 10 N/mm^2 liegen. Hohe Frühfestigkeit läßt sich erzielen durch:

- betontechnologische Maßnahmen (w/z-Wert, Zementfestigkeitsklasse)
- Erhöhen der Frischbetontemperatur durch Anwärmen der Ausgangsstoffe oder durch Dampfmischen
- wärmedämmende Abdeckung
- Wärmebehandlung der jungen Betonteile.

Oft werden auch Kombinationen angewendet [2].

Herstellung

Hauptvoraussetzung für einwandfreie Fertigteile ist eine saubere, ebene und stabile Fertigungsfläche, die sich gut unterteilen bzw. abstellen läßt. Außerdem muß eine kontrollierte Einleitung der Verdichtungsenergie möglich sein. Am besten geeignet sind Profilträgerroste oder Stahltische, die auf Schwingmetallpuffern ruhen und je nach Größe mit 4 oder 6 Hochfrequenz-Außenrüttlern (6000 U/min) ausgestattet sind.

Die Rüttler sollten vorzugsweise fest montiert, ihre Kabelzuführungen so verlegt sein (Kabelschächte), daß Beschädigungen durch Fahrzeuge, abgesetzte Fertigteile oder Schalungsträger ausgeschlossen sind. Die Wirkungsweise der Rüttler läßt sich anschaulich am Verhalten einer zwischen den gedichteten Randabschalungen eines Tisches aufgefüllten Wasserfläche kontrollieren.

Gegebenenfalls ist danach die Rüttlerstellung zu verbessern. Die Tischhöhe ergibt sich normalerweise aus den Abmessungen der Unterkonstruktionen und sollte ohne zwingenden Grund (z. B. Heizungseinbauten) auch nicht erhöht werden.

Die Tischfläche selbst wird - auch wenn sie aus glattem Stahlblech besteht - nur in Fällen von untergeordneter Bedeutung direkt als Schalungshaut benutzt. Abgesehen von Beschädigungen (Bohrungen, Narben, Schweißpunkte) ist es aus Gründen des Entschalens und der Betontechnologie zweckmäßig, Formeinlagen aus Holz, Blech oder Kunststoff zu verwenden. Diese gleichsam als Trennlage wirkenden Formauskleidungen können entweder lose in den Schalungsrahmen eingelegt oder mit doppelseitigem Klebeband auf der Tischunterlage befestigt werden. Das Verfahren kann nicht nur bei plattenförmigen Bauteilen, sondern auch zur Herstellung von Unterzügen, Trägern und dergleichen angewendet werden (Bild 43).

Als Stützkörper kommen einfache Rahmenkonstruktionen aus verschweißten Stahlprofilen oder - vor allem bei großer Anzahl gleicher Schalungen - Betonschalungen in Betracht. Die Verwendung trogförmig gebogener Blecheinlagen hat einen weiteren Vorteil: man erhält einwandfreie, sauber ausgerundete Kanten, ohne auf die zeitaufwendige Fugendichtung mit angenagelten Profilleisten angewiesen zu sein.

Mit derartigen Schalungslösungen lassen sich auch kompliziert geformte Elemente leicht herstellen, indem sie aus zwei oder mehreren im Vorlauf produzierten Einzelteilen zusammenbetoniert werden (Bild 44).

Die Verwendung flächiger Formeinlagen als Sichtschalung ermöglicht einen großen Variationsreichtum bei der Gestaltung von Betonoberflächen. Die

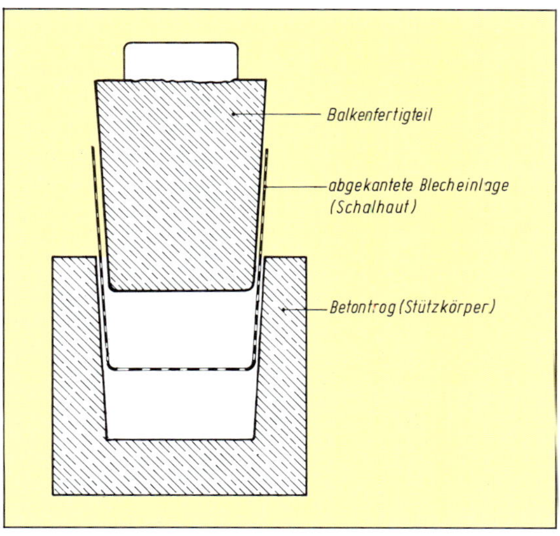

Bild 43: Betonform ohne bewegliche Teile, leichtes Entschalen durch eingelegte Blechhaut [2]

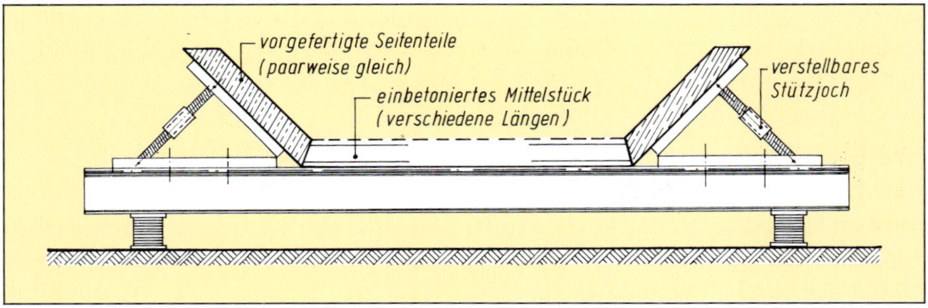

Bild 44: Liegende Herstellung abgewinkelter Balkonbrüstungen unter Verwendung vorgefertigter Einzelteile nach [2]

Materialien reichen von der Kunststofftapete bis zum Trapezblechprofil aus Aluminium. Auch Faserzementplatten und Schichtpreßstoffe mit Strukturprägung sind geeignet. Abzuraten ist dagegen von besonders glatten Materialien, die häufig eine glasige, stark fleckige Betonoberfläche ergeben.

Fleckenbildung läßt sich auch oft auf den unsachgemäßen Einsatz von Trennmitteln zurückführen (s. Abschnitt 8.3). Häufiger Fehler ist zu reichliches und ungleichmäßiges Auftragen. Die Folgen können Hydratationsstörungen an der Betonoberfläche (Absandungen) oder Verschmutzungen sein. Eine bereits benutzte Schalung muß daher gründlich gereinigt werden. Entscheidend für ein leichtes Entschalen ist aber die Konstruktion der Form: fehlen ausreichend konische, leicht abnehmbare Randabstellungen und zwängungsfreie Abhebemöglichkeiten, kann dies mit noch so hohem Schalölaufwand nicht ausgeglichen werden.

Bei der Herstellung von Fertigteilen sind die häufigsten Ursachen für unzureichende Betondeckung:

- zu große Durchbiegung liegender Flächenbewehrung, vor allem beim Einbringen von steifem Frischbeton
- mangelnde Formtreue und Stabilität handgeknüpfter Bewehrungskörbe für stabförmige Bauteile
- unsauberer Bügelschluß (abstehende Haken, windschiefe Schenkel)
- zu wenig Sicherheit für die Paßgenauigkeit vorgebogener Massenpositionen.

Gut bewährt als Abstandhalter haben sich auch im Fertigteilbau stabförmige Dreiecksprofile aus Faserzement, die besonders bei hohen, senkrechten Schalungsflächen eine Einhaltung der Überdeckung gewährleisten. Bei der Herstellung flacher, relativ dünner Bauteile ist es oft günstig, ganz auf Abstandhalter zu verzichten. Die untere Bewehrungslage wird auf einer vorverdichteten Frischbetonschicht eingebaut, die (wie z. B. bei Waschbeton) eine besondere Vorsatzkörnung enthalten kann und etwa 1 cm dicker sein soll als das vorgesehene Nennmaß der Betondeckung. Auch das ‚Aufhängen' der Bewehrung an einigen über den Formenrahmen geschobenen Kanthölzern oder Stahlprofilen hat sich bewährt, besonders bei einer Schalhaut aus weichen Struktureinlagen (z. B. Hartschaum), die unter dem Druck von Abstandhaltern nachgeben können.

Für die Frischbeton-Förderung innerhalb eines Werkes sind geeignete Transportbehälter notwendig. Ihre Schüttöffnung sollte dem verwendeten Formentyp angepaßt sein, z. B. durch Schlitzausläufe für Schalung mit schmaler Füllöffnung oder durch Schlauchverlängerung, wenn z. B. hochstehende Anschlußbewehrung ein ausreichend tiefes Absenken des Transportkübels behindern.

Ein Fehler bei der Verdichtung von Fertigteilen ist – vor allem bei dünnen Elementen – eine zu lange Rüttelzeit. Dies kann bewirken:

- Mitschwingen der eingelegten Bewehrungsmatten und als Folge ‚Versuppen' des Frischbetons im Bereich der Bewehrung
- Abzeichnung des Bewehrungsverlaufs auf Betonoberflächen
- örtliche Wasseranreicherung an der Kontaktfläche zu nicht saugfähiger Schalungshaut.

Der Beton sollte stets vollständig verteilt sein, bevor mit dem Verdichten begonnen wird. Die Funktionsschalter der Rüttler sind so anzuordnen, daß die Bedienung ohne zeitraubenden Verständigungsaufwand (Winksignale, Zurufe) möglich ist. Während des Rüttelvorgangs sind Keil- und Klemmverschlüsse an den Formen besonders im Auge zu behalten, da sie sich infolge der Vibration lösen können.

Ausschalen und Lagern

Beim Ausschalen ist besonders darauf zu achten, das noch nicht voll erhärtete Teil frei von Beschädigungen (Kantenabbrüche, Haarrisse) zu halten. Voraussetzung hierfür ist eine an möglichen Zwängungspunkten leicht demontierbare Schalung und eine ausreichende Aufhängevorrichtung für das Fertigteil selbst. Aussparungen in plattenförmigen Elementen, am Schalungsboden befestigte Profilleisten o. ä. führen beim unachtsamen Ausschalen oder bei falscher Formenkonstruktion immer wieder zu Rißschäden. Diese sind zunächst kaum sichtbar, können am späteren Bauwerk aber zum Ausgangspunkt von Schäden werden.

Häufig entspricht die Anordnung der Anschlagpunkte für die Montage nicht der Fertigungslage, so daß zusätzliche Anker für das Ausschalen notwendig werden. Zuvor ist jedoch zu prüfen, ob nicht herausstehende Anschlußbewehrung (nur mit besonderer Klemmvorrichtung!) oder Befestigungspunkte von Einbauteilen für diesen Zweck nutzbar sind.

Einfach und preiswert ist die Verwendung geschlossener Tragschlaufen aus Perlon, die unter ausreichend verankerten Bewehrungsstäben durchgeführt werden können. Diese „Hilfsanker“ müssen jedoch unbedingt abgeschnitten werden, bevor die Bauteile das Werk verlassen, da sie bei mißbräuchlicher Nutzung (beispielsweise während der Montage auf der Baustelle) ein Unfallrisiko darstellen können.

Bestimmte kritische Transportphasen, wie z. B. das Wenden oder Aufrichten liegend gefertigter Teile, sind eine weitere Ursache für Beschädigungen oder gar Betriebsunfälle. Durch Kipptische oder eine getrennte Kippstation kann diese Frage sicher gelöst werden.

Nach dem Ausschalen sind die Teile – besonders auch warmbehandelte – ausreichend lange nachzubehandeln und sachgemäß zu lagern.

Lagerflächen sollten bei Beschickung mit Gabelstaplern von zwei gegenüberliegenden Seiten zugänglich sein, um zu verhindern, daß Bauteile älteren Produktionsdatums von der nachfolgenden Fertigung zugestellt werden. Umständlich und gefährlich sind Lagerungen nach dem ‚Kartenhausprinzip‘ mit Endabstützung gegen Gebäudewände, Bäume oder gar Zaunpfähle.

Auch das flache Übereinanderstapeln plattenförmiger Elemente hat den Nachteil, daß jüngere Teile stets oben liegen. Diese Methode sollte daher nur praktiziert werden, wenn gleichartige Positionen in großen Stückzahlen anfallen und bei Teilabrufen (z. B. für ein Geschoß) keine zeitraubenden Umschichtungen notwendig werden.

Durch den Einsatz zweckmäßiger Hilfs- und Stützkonstruktionen lassen sich Lagerbehinderungen weitgehend vermeiden. So sind für die Aufstellung größerer Tafelelemente verstellbare Kammregale in Gebrauch, die zwar von oben (Kranzwang!) beschickt werden, dafür aber eine relativ enge, vom jeweiligen Nachbarteil unabhängige Lagerung erlauben.

Mischbauweise

Unter Mischbauweise wird die konventionelle Herstellung von Gebäuden in Kombination mit der Montage vorgefertigter Bauteile verstanden. Hierdurch sollen der Arbeitsablauf auf der Baustelle vereinfacht, die Bauzeit verkürzt und Kosten und Zeit eingespart werden.

Im Mauerwerksbau werden oft kleine Fertigteile eingesetzt, wie z. B. Stürze, Balken, Kellerfenster, Lichtschächte, Fensterbänke. Beinahe Regelbauweise ist die Verwendung vorgefertigter Deckenelemente, die Schalung einsparen helfen. Dies gilt unabhängig davon, ob Vollbeton- und Hohlplatten, teilvorgefertigte Deckenplatten mit biegesteifer Bewehrung, Trägerdecken mit Zwischenbauteilen, Rippenplattendecken, Porenbetondeckenplatten oder Stahlleichtbetondielen verwendet werden. Betonfertigteile werden auch für Decken, Drempel, Brüstungen, Treppen, Podeste, Schornsteine, Rohrleitungen o. ä. eingesetzt.

15 Schrifttum

Normen, Richtlinien, Merkblätter

DIN 488: Betonstahl, Sorten, Eigenschaften, Kennzeichen, Teil 1; Ergänzende Bestimmungen für die Anwendung von BSt 500 S nach DIN 488, Mitteilungen IfBt 1/1985

DIN 1045: Beton und Stahlbeton, Bemessung und Ausführung

DIN 1048: Prüfverfahren für Beton, Teile 1, 2 und 4

DIN 1053: Mauerwerk

DIN 1060: Baukalk

DIN 1084: Überwachung (Güteüberwachung) im Beton- und Stahlbetonbau, Teile 1 bis 3

DIN 1100: Hartstoffe für zementgebundene Hartstoffestriche

DIN 1164: Zement: Zusammensetzung, Anforderungen

DIN 1356: Bauzeichnungen, Bewehrungszeichnungen (V)

DIN 4030: Beurteilung betonangreifender Wässer, Böden und Gase

DIN 4099: Schweißen von Betonstahl

DIN 4102: Brandverhalten von Baustoffen und Bauteilen, Teile 1 bis 8

DIN 4211: Putz- und Mauerbinder

DIN 4219: Leichtbeton und Stahlleichtbeton, Teile 1 und 2

DIN 4226: Zuschlag für Beton, Teile 1 bis 4

DIN 4232: Wände aus Leichtbeton mit haufwerksporigem Gefüge

DIN 4235: Verdichten von Beton durch Rütteln, Teile 1 bis 5

DIN 18 202: Maßtoleranzen im Hochbau; Ebenheitstoleranzen für Flächen von Decken und Wänden, Teil 5

DIN 18 203: Maßtoleranzen im Hochbau; vorgefertigte Teile aus Beton und Stahlbeton, Teil 1

DIN 18 215: Schalungsplatten aus Holz für Beton- und Stahlbetonbauten

DIN 18 216: Schalungsanker für Betonschalung

DIN 18 217: Betonoberflächen und Schalungshaut

DIN 18 218: Frischbetondruck auf lotrechter Schalung

DIN 18 540: Abdichten von Außenwandfugen zwischen Beton- und Stahlbetonfertigteilen im Hochbau mit Fugendichtungsmassen; konstruktive Ausbildung der Fugen, Teil 1

DIN 18 550: Putz

DIN 18 551: Spritzbeton

DIN 18 555: Mörtel aus mineralischen Bindemitteln. Prüfung

DIN 18 557: Werkmörtel; Herstellung, Überwachung und Lieferung

DIN 18 560: Estriche im Bauwesen, Teile 1 bis 5

DIN 19 569: Kläranlagen - Baugrundsätze für Bauwerke und technische Ausrüstungen. Allgemeine Grundsätze, Teil 1

DIN 51 043: Traß

DIN EN 196: Prüfverfahren für Zement, Teile 1 bis 7, Teil 21

Richtlinien für Beton mit Fließmittel und für Fließbeton - Herstellung, Verarbeitung und Prüfung. Deutscher Ausschuß für Stahlbeton (DAfStb)

Richtlinie Alkalireaktion im Beton. DAfStb

Richtlinie zur Nachbehandlung von Beton, Fassung Februar 1984. DAfStb

Richtlinie für Schutz und Instandsetzung von Betonbauteilen, Ausgabe August 1990. DAfStb

Vorläufige Richtlinie für Beton mit verlängerter Verarbeitbarkeitszeit (Verzögerter Beton). DAfStb

ACI Standard 305–77 Hot Weather Concreting, ACI Journal August 1977, American Concrete Institute, Detroit

Merkblatt Abstandhalter, Herausgeber Deutscher Beton-Verein E. V., Wiesbaden

Merkblatt Betondeckung, Herausgeber Deutscher Beton-Verein E. V., Wiesbaden

Merkblatt Rückbiegen von Betonstahl, Herausgeber Deutscher Beton-Verein E. V., Wiesbaden

Merkblatt Schutzüberzüge auf Beton bei sehr starken Angriffen nach DIN 4030, Herausgeber Verein Deutscher Zementwerke e. V., Düsseldorf

Merkblatt Keramische Fliesen und Platten, Naturwerkstein und Betonwerkstein auf beheizten Fußbodenkonstruktionen; herausgegeben vom Zentralverband des Deutschen Baugewerbes e. V., Bonn

Merkblatt Elastische Bodenbeläge und Parkett auf beheizten Fußbodenkonstruktionen; herausgegeben vom Zentralverband des Deutschen Baugewerbes e. V., Bonn

Sichtbeton, Merkblatt für Ausschreibung, Herstellung und Abnahme von Beton mit gestalteten Ansichtsflächen, Beton-Verlag GmbH, Düsseldorf 1982

Strahlenschutzbetone, Merkblatt für das Entwerfen, Herstellen und Prüfen von Betonen des bautechnischen Strahlenschutzes, Beton 28 (1978) H. 10 und 11

DBV-Merkblatt-Sammlung: Merkblätter, Sachstandberichte 3. Ausgabe 1991, Richtlinien. Deutscher Beton-Verein E. V. Eigenverlag, Wiesbaden

Literatur

[1] Bonzel, J.: Beton, Beton-Kalender 1986, Teil 1. Verlag Wilhelm Ernst und Sohn, Berlin 1986

[2] Brandt, J. u.a.: Betonfertigteile - Herstellung und Anwendung. Verlagsgesellschaft Rudolf Müller, Köln 1982

[3] Brux, G.; Linder, R.; Ruffert, G.: Spritzbeton - Spritzputz - Spritzmörtel. Verlagsgesellschaft Rudolf Müller, Köln - Braunsfeld 1981

[4] Clausen, H.-P.: Mischbauweisen mit vorgefertigten Leichtbeton- und Betonbauteilen. Ein Beitrag zum zeit- und kostengünstigen Bauen. Beton- und fertigteiljahrbuch 1986, Bauverlag GmbH, Wiesbaden 1986

[5] Dartsch, B.: Regionaltagung des Deutschen Beton-Vereins. Beton 34 (1984), H. 4

[6] Grube, H.: Unterwasserbeton; Zement-Taschenbuch 1979/80. Bauverlag GmbH, Wiesbaden

[7] Grube, H.: Wasserundurchlässige Bauwerke aus Beton. Otto Elsner Verlagsgesellschaft, Darmstadt 1982

[8] Krieger, R.: Regelkonsistenz – ein neuer Baustoff? arcus (1984), H. 6

[9] Lamprecht, H.-O. u. a.: Betonoberflächen – Gestaltung und Herstellung; Band 124. Kontakt & Studium expert Verlag, Grafenau 1984

[10] Leifeld, G.: Wenn der Putz halten soll. Baugewerbe 65 (1985), H. 22

[11] Linder, R.: Stichwort Schalung. Bauverlag GmbH, Wiesbaden 1973

[12] Linder, R.: Risse im Beton. Betonsteinzeitung 21 (1971), H. 4, 5 und 6

[13] Lohmeyer, G.: Betonböden im Industriebau. 4. Auflage; Herausgeber: Bundesverband der Deutschen Zementindustrie e. V., Köln, Beton-Verlag GmbH, Düsseldorf 1993

[14] Luley, Hp. u. a.: Instandsetzen von Stahlbetonoberflächen. 5. Auflage, Beton-Verlag GmbH, Düsseldorf 1992

[15] Ramisch, H.: Spritzbetonsicherung im Hohlraumbau. Tiefbauberufsgenossenschaft 87 (1975), H. 2 und 88 (1976), H. 11

[16] Rechenberg, W.; Sylla, H.-M.: Die Wirkung von Ammonium auf Beton. Beton 43 (1993), H. 1

[17] Rieche, G.: Instandsetzung von Stahlbeton bei Schäden infolge Korrosion der Bewehrung. Deutsche Bauzeitschrift 30 (1982), H. 7

[18] Schießl, P.: Einfluß von Rissen auf die Dauerhaftigkeit von Stahlbeton- und Spannbetonbauteilen. Deutscher Ausschuß für Stahlbeton, Heft 370, Berlin 1986

[19] Schmincke, P.: Schalung für Sichtbeton. Straßen- und Tiefbau 28 (1974), H. 11

[20] Soretz, S.: Korrosion von Betonbauten – ein neues Schlagwort. Zement und Beton 24 (1979), H. 1

[21] Teichert, P.: Spritzbeton im Trockenspritzverfahren. Baugewerbe 62 (1982), H. 23 und 24

[22] Tegelaar, R. A.: Unterwasserbeton – Einbauverfahren und Anwendung. Beton-Informationen 25 (1985), H. 4

[23] Vinkeloe, R.: Temperaturverteilung im Beton als Folge der Abbindewärme des Zements – Beitrag zur Klärung der Rißschäden im Massenbeton. Betonsteinzeitung 15 (1965), H. 12 und neuere, bisher nicht veröffentlichte Untersuchungen

[24] Wesche, K.: Baustoffe für tragende Bauteile, Band 2: Beton. 2. Auflage, Bauverlag GmbH, Wiesbaden 1981

[25] Weber, R.: Pumpen von Beton; Zement-Taschenbuch 1974/75. Bauverlag GmbH, Wiesbaden

[26] Weber, R.; Tegelaar, R.; Soller, R.: Guter Beton. 18. Auflage, Beton-Verlag GmbH, Düsseldorf 1993

[27] Wischers, G.; Manns, W.: Ursachen für das Entstehen von Rissen in jungem Beton. Beton 23 (1973), H. 4

[28] Wischers, G.; Richartz, W.: Einfluß der Bestandteile und der Granulometrie des Zements auf das Gefüge des Zementsteins. Beton-Verlag GmbH, Düsseldorf 1982

[29] Zantz, E.: Die Vakuumbehandlung von Beton. Tiefbau, Ingenieurbau, Straßenbau 18 (1976), H. 10

[30] Beton-Handbuch 2. Auflage, Herausgeber: Deutscher Beton-Verein E. V. Bauverlag GmbH, Wiesbaden 1984

[31] Beton - Herstellung nach Norm. Bundesverband der Deutschen Zementindustrie e. V., Köln, 9. Auflage, Beton-Verlag GmbH, Düsseldorf 1990

[32] Beton-Kalender 1990. Verlag Wilhelm Ernst & Sohn, Berlin, München, Düsseldorf

[33] Bayer, E.; Klose, N.: Beton - Prüfung nach Norm. Bundesverband der Deutschen Zementindustrie e. V., Köln, 9. Auflage, Beton-Verlag GmbH, Düsseldorf 1994

[34] Betontechnische Berichte. Forschungsinstitut der Zementindustrie, Beton-Verlag GmbH, Düsseldorf

[35] Straßenbau heute, Heft 1: Betondecken, 3. Auflage; Herausgeber: Bundesverband der Deutschen Zementindustrie e. V., Köln. Beton-Verlag GmbH, Düsseldorf 1986

[36] Zement-Merkblätter. Bundesverband der Deutschen Zementindustrie e. V., Köln

[37] Zement-Mitteilungen. Bundesverband der Deutschen Zementindustrie e. V., Köln

[38] Zement-Taschenbuch 48. Ausgabe 1984, herausgegeben vom Verein Deutscher Zementwerke e. V., Düsseldorf. Bauverlag GmbH, Wiesbaden 1984

[39] Leitfaden Betonarbeiten, 4. Auflage 1992, Herausgeber Fa. Heitkamp, Abteilung Qualitätstechnik

[40] American Concrete Institute (ACI): Causes, Evaluation and Repair of Cracks in Concrete Structures. Bericht des ACI Committee 224. ACI-Journal May–June 1984

16 Stichwortverzeichnis